工业机器人技术专业"十三五"规划教材

工业机器人应用人才培养指定用书

U0174023

工业机器人系统技术应用

◆ 主　编　张明文　顾三鸿

◆ 副主编　王　伟　王璐欢　李尚荣　何定阳

http://www.irobot-edu.com

教学视频+电子教案+技术交流论坛

哈尔滨工业大学出版社
HARBIN INSTITUTE OF TECHNOLOGY PRESS

内 容 简 介

本书以工业机器人系统技术的共性知识为基础，并结合 ABB、FANUC 等主流品牌机器人，重点介绍了工业机器人在工业自动化生产中的搬运、装配、焊接、码垛、喷涂、打磨等典型应用。本书依据学习者的认知规律，侧重工业机器人系统技术应用的要点，通过相关典型实例讲解，使读者快速掌握工业机器人系统的组成、相关部件选型、作业流程和系统编程调试等相关知识技能，实现理论与实践的有机结合。

本书可作为高等院校机电一体化、电气自动化及机器人技术等相关专业的教材，也可作为工业机器人职业技能培训单位的培训教材，并可供从事相关行业的技术人员参考使用。

本书配套有丰富的教学资源，凡使用本书作为教材的教师可咨询相关工业机器人实训装备，也可通过书末附页介绍的方法索取相关数字教学资源。咨询邮箱：edubot_zhang@126.com。

图书在版编目（CIP）数据

工业机器人系统技术应用 / 张明文，顾三鸿主编
. —哈尔滨：哈尔滨工业大学出版社，2021.10
ISBN 978-7-5603-9573-9

Ⅰ. ①工… Ⅱ. ①张… ②顾… Ⅲ. ①工业机器人-教材 Ⅳ. ①TP242.2

中国版本图书馆 CIP 数据核字（2021）第 132282 号

策划编辑　王桂芝　张　荣
责任编辑　王桂芝　刘　威
出版发行　哈尔滨工业大学出版社
社　　址　哈尔滨市南岗区复华四道街 10 号　邮编 150006
传　　真　0451-86414749
网　　址　http://hitpress.hit.edu.cn
印　　刷　哈尔滨市石桥印务有限公司
开　　本　787mm×1092mm　1/16　印张 14.5　字数 345 千字
版　　次　2021 年 10 月第 1 版　2021 年 10 月第 1 次印刷
书　　号　ISBN 978-7-5603-9573-9
定　　价　42.00 元

序　一

现阶段，我国制造业面临资源短缺、劳动成本上升、人口红利减少等压力，而工业机器人的应用与推广将极大地提高生产效率和产品质量，降低生产成本和资源消耗，有效地提高我国工业制造竞争力。我国《机器人产业发展规划（2016—2020）》强调，机器人是先进制造业的关键支撑装备和未来生活方式的重要切入点。广泛采用工业机器人，对促进我国先进制造业的崛起，有着十分重要的意义。"机器换人，人用机器"的新型制造方式有效推进了工业转型升级。

工业机器人作为集众多先进技术于一体的现代制造业装备，自诞生至今已经取得了长足进步。当前，新科技革命和产业变革正在兴起，全球工业竞争格局面临重塑，世界各国紧抓历史机遇，纷纷出台了一系列国家战略：美国的"再工业化"战略、德国的"工业4.0"计划、欧盟的"2020增长战略"，以及我国推出的"中国制造2025"战略。这些国家都以先进制造业为重点战略，并将机器人作为智能制造的核心发展方向。伴随机器人技术的快速发展，工业机器人已成为柔性制造系统（FMS）、自动化工厂（FA）、计算机集成制造系统（CIMS）等先进制造业的关键支撑装备。

随着工业化和信息化的快速推进，我国工业机器人市场已进入高速发展时期。国际机器人联合会（IFR）统计显示，截至2016年，我国已成为全球最大的工业机器人市场。未来几年，我国工业机器人市场仍将保持高速的增长态势。然而，现阶段我国机器人技术人才匮乏，与巨大的市场需求严重不协调。《中国制造2025》强调要健全、完善我国制造业人才培养体系，为推动我国制造业从大国向强国转变提供人才保障。从国家战略层面而言，推进智能制造的产业化发展，工业机器人技术人才的培养极其重要。

目前，结合《中国制造2025》的全面实施和国家职业教育改革，许多应用型本科、职业院校和技工院校纷纷开设工业机器人相关专业，但作为一门专业知识面很广的实用型学科，普遍存在师资力量缺乏、配套教材资源不完善、工业机器人实训装备不系统、技能考核体系不完善等问题，导致无法培养出企业需要的专业机器人技术人才，严重制约了我国机器人技术的推广和智能制造业的发展。江苏哈工海渡教育科技集团有限公司依托哈尔滨工业大学在机器人方向的研究实力，顺应形势需要，产、学、研、用相结合，组织企业专家和一线科研人员开展了一系列企业调研，面向企业需求，联合高校教师共同编写了"工业机器人技术专业'十三五'规划教材"系列图书。

该系列图书具有以下特点：

（1）循序渐进，系统性强。该系列图书从工业机器人的入门实用、技术基础、实训指导，到工业机器人的编程与高级应用，由浅入深，有助于系统学习工业机器人技术。

（2）配套资源，丰富多样。该系列图书配有相应的电子课件、视频等教学资源，以及配套的工业机器人教学装备，构建了立体化的工业机器人教学体系。

（3）通俗易懂，实用性强。该系列图书言简意赅，图文并茂，既可用于应用型本科、职业院校和技工院校的工业机器人应用型人才培养，也可供从事工业机器人操作、编程、运行、维护与管理等工作的技术人员参考学习。

（4）覆盖面广，应用广泛。该系列图书介绍了国内外主流品牌机器人的编程、应用等相关内容，顺应国内机器人产业人才发展需要，符合制造业人才发展规划。

"工业机器人技术专业'十三五'规划教材"系列图书结合实际应用，教、学、用有机结合，有助于读者系统学习工业机器人技术和强化、提高实践能力。本系列图书的出版发行，必将提高我国工业机器人专业的教学效果，全面促进"中国制造 2025"国家战略下我国工业机器人技术人才的培养和发展，大力推进我国智能制造产业变革。

中国工程院院士 蔡鹤皋

2017 年 6 月于哈尔滨工业大学

序　二

自出现至今短短几十年中，机器人技术的发展取得长足进步，伴随产业变革的兴起和全球工业竞争格局的全面重塑，机器人产业发展越来越受到世界各国的高度关注，主要经济体纷纷将发展机器人产业上升为国家战略，提出"以先进制造业为重点战略，以'机器人'为核心发展方向"，并将此作为保持和重获制造业竞争优势的重要手段。

作为人类在利用机械进行社会生产史上的一个重要里程碑，工业机器人是目前技术发展最成熟且应用最广泛的一类机器人。工业机器人现已广泛应用于汽车及零部件制造，电子、机械加工，模具生产等行业以实现自动化生产线，并参与焊接、装配、搬运、打磨、抛光、注塑等生产制造过程。工业机器人的应用，既保证了产品质量，提高了生产效率，又避免了大量工伤事故，有效推动了企业和社会生产力发展。作为先进制造业的关键支撑装备，工业机器人影响着人类生活和经济发展的方方面面，已成为衡量一个国家科技创新和高端制造业水平的重要标志。

伴随着工业大国相继提出机器人产业政策，如德国的"工业 4.0"、美国的"先进制造伙伴计划"与我国的"中国制造 2025"等国家政策，工业机器人产业迎来了快速发展态势。当前，随着劳动力成本上涨、人口红利逐渐消失，生产方式向柔性、智能、精细转变，中国制造业转型升级迫在眉睫。全球新一轮科技革命和产业变革与中国制造业转型升级形成历史性交汇，中国已经成为全球最大的机器人市场。大力发展工业机器人产业，对于打造我国制造业新优势、推动工业转型升级、加快制造强国建设、改善人民生活水平具有深远意义。

我国工业机器人产业迎来爆发性的发展机遇，然而，现阶段我国工业机器人领域人才储备数量严重不足，对企业而言，从工业机器人的基础操作维护人员到高端技术人才普遍存在巨大缺口，缺乏经过系统培训、能熟练安全应用工业机器人的专业人才。现代工业是立国的基础，需要有与时俱进的职业教育和人才培养配套资源。

"工业机器人技术专业'十三五'规划教材"系列图书由江苏哈工海渡教育科技集团有限公司联合众多高校和企业共同编写完成。该系列图书依托于哈尔滨工业大学的先进机器人研究技术，综合企业实际用人需求，充分贯彻了现代应用型人才培养"淡化理论，技能培养，重在运用"的指导思想。该系列图书既可作为应用型本科、中高职院校工业机器人技术或机器人工程专业的教材，也可作为机电一体化、自动化专业开设工业机器人相关课程的教学用书；系列图书涵盖了国际主流品牌和国内主要品牌机器人的入门实用、实训指导、技术基础、高级编程等系列教材，注重循序渐进与系统学习，强化学生的工业机器人专业技术能力和实践操作能力。

该系列教材"立足工业，面向教育"，填补了我国在工业机器人基础应用及高级应用系列教材中的空白，有助于推进我国工业机器人技术人才的培养和发展，助力中国智造。

中国科学院院士 韩杰才

2017 年 6 月

前　言

机器人是先进制造业的重要支撑装备，也是未来智能制造业的关键切入点，工业机器人作为机器人家族中的重要一员，是目前技术最成熟、应用最广泛的一类机器人。作为衡量科技创新和高端制造发展水平的重要标志，工业机器人的研发和产业化应用被很多发达国家作为抢占未来制造业市场、提升竞争力的重要途径。在汽车工业、电子电器、工程机械等众多行业大量使用工业机器人自动化生产线，在保证产品质量的同时，改善了工作环境，提高了社会生产效率，有力推动了企业和社会生产力发展。

当前，随着我国劳动力成本上涨，人口红利逐渐消失，生产方式向柔性、智能、精细方向转变，构建新型智能制造体系迫在眉睫，与此同时市场对工业机器人的需求呈现大幅增长。大力发展工业机器人产业，对于打造我国制造业新优势、推动工业转型升级、加快制造强国建设、改善人民生活水平具有深远意义。

在全球范围内的制造产业战略转型期，我国工业机器人产业迎来爆发式的发展机遇。然而，现阶段我国工业机器人领域人才供需失衡，缺乏经系统培训、能熟练安全使用和维护工业机器人的专业人才。国务院《关于推行终身职业技能培训制度的意见》指出：职业教育要适应产业转型升级需要，着力加强高技能人才培养；全面提升职业技能培训基础能力，加强职业技能培训教学资源建设和基础平台建设。2019 年 4 月，人力资源社会保障部、市场监管总局、统计局正式发布工业机器人两个新职业：工业机器人系统操作员和工业机器人系统运维员。针对这一现状，为了更好地推广工业机器人技术的应用和满足工业机器人新职业人才的需求，亟需编写一本系统全面的工业机器人系统技术应用教材。

本书以工业机器人系统技术的共性知识为基础，并结合 ABB、FANUC 等主流品牌机器人，重点介绍了工业机器人在工业自动化生产中的搬运、装配、焊接、码垛、喷涂、打磨等典型应用。本书依据学习者的认知规律，侧重工业机器人系统技术应用的要点，通过相关典型实例讲解，使读者快速掌握工业机器人系统的组成、相关部件选型、作业流程和系统编程调试等相关知识技能，实现理论与实践的有机结合。

本书可作为高等院校机电一体化、电气自动化及机器人技术等相关专业的教材，也可作为工业机器人职业技能培训单位的培训教材，并可供从事相关行业的技术人员参考使用。

　　工业机器人技术专业具有知识面广、实操性强等显著特点，为了提高教学效果，在教学方法上，建议采用启发式教学方式，引导学生进行开放性学习，组织实操演练和小组讨论；在教学过程中，建议结合本书配套的教学辅助资源，如工业机器人仿真软件、工业机器人实训台、教学课件及视频素材、教学参考与拓展资料等。以上数字教学资源可通过书末所附方法获取。

　　本书由哈工海渡职业培训学校张明文和顾三鸿任主编，王伟、王璐欢、李尚荣和何定阳任副主编，由霸学会主审，参加编写的还有喻杰、郑宇琛、杨浩成。全书由张明文统稿，具体编写分工如下：张明文、喻杰编写第 1 章，王伟、李尚荣编写第 2 章，王璐欢、何定阳编写第 3 章，杨浩成、郑宇琛编写第 4 章，顾三鸿编写第 5~9 章。本书编写过程中，得到了哈工大机器人集团、上海发那科机器人有限公司等单位的有关领导、工程技术人员以及哈尔滨工业大学相关教师的鼎力支持与帮助，在此表示衷心的感谢！

　　由于编者的水平有限，书中难免存在不足之处，敬请读者批评指正。任何意见和建议可反馈至邮箱：edubot_zhang@126.com。

编　者

2021 年 6 月

目　　录

第1章 绪 论

近年来，中国工业机器人市场需求快速增长，自 2013 年起，我国已成为全球第一大工业机器人应用市场。工业机器人本体厂商负责生产机器人，但刚出厂的工业机器人无法直接应用到行业中，需要系统集成商根据工厂、产线需求进行二次开发，这一环节便是系统集成。

1.1 工业机器人产业概况

※ 工业机器人产业概况

当前，新科技革命和产业变革正在兴起，全球制造业正处在巨大的变革之中，《中国制造 2025》《机器人产业发展规划（2016—2020 年）》《智能制造发展规划（2016—2020 年）》等强国战略规划，引导着中国制造业向着智能制造的方向发展。《中国制造 2025》提出了大力推进重点领域突破发展，将机器人列为十大重点领域之一。工业机器人作为智能制造领域最具代表性的产品，"快速成长"和"进口替代"是现阶段我国工业机器人产业最重要的两个特征。我国正处于制造业升级的重要时间窗口，智能化改造需求空间巨大且增长迅速，工业机器人迎来重要发展机遇。

据 2020 年国际机器人联合会（IFR）最新报告统计，目前我国工厂有 78.3 万台工业机器人在运行，较上年增长 21%。受新型冠状病毒肺炎疫情影响，2020 年全球工业机器人销量为 37.6 万台，同比下降 2%，而我国工业机器人销量为 16.7 万台，增速达到 19.3%，其中我国外品牌为 12.3 万台，增速 24%，国内品牌为 4.4 万台，增速 8%。我国已连续八年成为全球最大和增速最快的工业机器人市场，2020 年市场占比达 44%。图 1.1 为 2015—2020 年我国工业机器人产业销量情况。

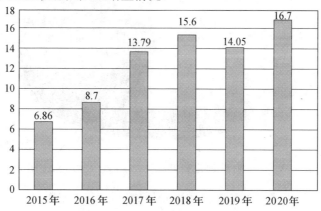

图 1.1 2015—2020 年我国工业机器人产业销量（单位：万台）

（数据来源：国际机器人联合会）

2

根据国际机器人联合会（IFR）数据显示，2019 年自动化生产的发展在世界范围内不断加速，我国机器人密度的发展在全球也最具活力。由于机器人设备的大幅度增加，特别是 2013—2019 年间，我国机器人密度从 2013 年的 25 台/万人增加至 2019 年的 187 台/万人，高于全球平均水平，且未来仍有巨大发展空间。2019 年全球机器人密度如图 1.2 所示。

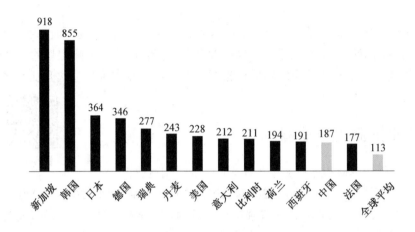

图 1.2　2019 年全球机器人密度（单位：台/万人）

国内机器人产业所表现出来的爆发式发展态势带来对工业机器人行业人才的大量需求，而行业人才严重的供需失衡又大大制约着国内机器人产业的发展，培养工业机器人行业人才迫在眉睫。而工业机器人行业的多品牌竞争局面，迫使学习者需要根据行业特点和市场需求，合理选择学习和使用某品牌的工业机器人，用以提高自身职业技能和个人竞争力。图 1.3 所示为 2020 年我国工业机器人厂商市场份额。

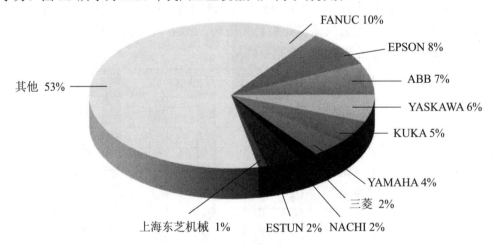

图 1.3　2020 年我国工业机器人厂商市场份额

（数据来源：前瞻产业研究院整理）

1.2 工业机器人系统产业概况

1.2.1 产业链构成

根据工业机器人的组成以及上下游关系，工业机器人产业链主要由 4 个环节构成：上游零部件环节、中游机器人制造环节、下游系统集成环节和终端行业应用环节，如图1.4 所示。

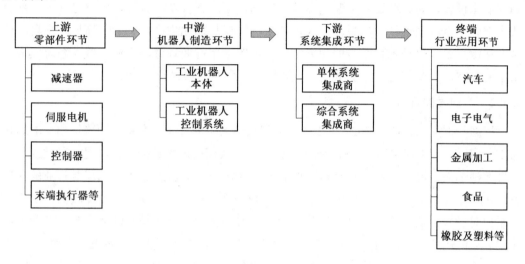

图 1.4 工业机器人产业链构成

1. 上游零部件环节

上游零部件环节的供应商主要从事研发与生产制造，向机器人制造商和系统集成商提供机器人核心零部件（控制器、伺服电机和减速器），以及传感器、末端执行器等其他部件。其中，控制器开发难度中等，多是机器人企业开发配套控制器；伺服电机是机器人的核心驱动机构；减速器技术开发难度最大。

2. 中游机器人制造环节

中游机器人制造环节主要负责工业机器人本体设计，机械臂、底座等部件的加工、组装，以及控制系统的开发。按机械结构形式的不同，常用的工业机器人有：直角坐标型、并联型、关节型（包含垂直关节型和水平关节型）。在工业机器人本体领域，垂直关节型机器人功能最强大，用量最多；而水平关节型（SCARA）机器人价格较为便宜，在3C 电子电气行业使用量较大。

机器人制造商通常通过代理商，将机器人销售给系统集成商，而系统集成商直接面向终端客户。有的机器人制造商和代理商也会兼作系统集成商。

3. 下游系统集成环节

下游系统集成环节主要负责工业机器人应用系统的开发、集成、售后服务等，即根据不同的应用场景和用途，对机器人本体有针对性地进行二次开发，在末端安置不同的末端执行器，并配套周边设备，实现不同的应用功能。按应用方向的不同，工业机器人可细分为搬运机器人、装配机器人、焊接机器人、码垛机器人、喷涂机器人、打磨机器人等类型。

4. 终端行业应用环节

终端行业应用环节主要负责机器人应用于行业自动化生产线，其利用以机器人为主的自动化设备，完成搬运、装配、焊接、码垛、喷涂、打磨、分拣、检测等其中一部分或大部分生产线上工作，尽量减少人员使用，实现自动化生产，它的最高形式是自动化技术和信息数字化技术相结合的智慧工厂。按照应用行业划分，工业机器人系统集成应用主要分布在汽车制造、电子电气、金属加工、食品、塑料及化学制品等行业。

1.2.2 产业发展现状

根据数据显示，截至 2021 年 2 月，全国机器人企业（企业名称中明确标出）的总数为 11 317 家，其中系统集成商占 90%左右，并且从相关市场数据来看，现阶段国内集成商规模都不大，销售收入 1 个亿以下的企业占大部分，能做到 5 个亿的就是行业的佼佼者，10 个亿以上的在全国范围内屈指可数。目前汽车行业的自动化程度比较高，供应商体系相对稳定。而一般工业（非汽车行业）的自动化改造需求相对旺盛。全球工业机器人集成从应用角度看，"搬运"占比最高。全球工业机器人销量中，半数机器人用于搬运。搬运应用中又可以按照应用场景不同分为拾取装箱、注塑取件、机床上下料等。现阶段我国工业机器人系统集成有如下特点。

1. 不能批量复制

系统集成项目是非标准化的，每个项目都不一样，不能 100%复制，因此上规模比较难。能上规模的一般都是可以复制的，比如研发一个产品，定型之后就很少改动产品设计了，每个型号产品都一样，通过生产和销售就能大量复制、上规模。而且由于需要垫资，集成商通常要考虑同时实施项目的数量及规模。

2. 要熟悉相关工艺

由于机器人集成是二次开发产品，需要熟悉下游行业的工艺，要完成重新编程、布放等工作。国内的工业机器人系统集成商，如果聚焦于某个领域，通常可以获得较高行业壁垒和竞争力。

3. 需要专业人才

工业机器人系统集成商的核心竞争力是人才，系统集成需要专业的项目研发、项目管理、安装调试、销售人才。其中，销售人员负责获取订单，项目研发工程师根据订单要求进行方案设计，安装调试人员到客户现场进行安装调试，并最终交付客户使用。几乎每个项目都是非标的，不能简单复制和规模化开发。

工业机器人系统集成商实际是轻资产的订单型工程服务商，核心资产是销售人员、项目研发工程师和安装调试人员。因此，系统集成商很难通过并购的方式扩张规模。

4. 需要垫付资金

工业机器人系统集成项目的付款通常采用"361"或"3331"的方式，其中"3331"即方案通过审核后，签订合同拿到 30%合同款，发货前拿到 30%合同款，安装调试完毕拿到 30%合同款，最后剩 10%合同款的质保金。按照这样一个付款流程，工业机器人系统集成商通常需要垫资。

1.2.3 产业发展趋势

随着工业机器人行业的发展，工业机器人在我国的应用范围越来越广，已广泛地服务于国民经济 44 个行业大类，126 个行业中类；下游对工业机器人的认知亦得到逐年的提升，其中工业机器人系统集成商功不可没。高工产研机器人研究所（GGII）数据显示，2020 年我国工业机器人系统集成规模为 598 亿元，同比增长 8.73%，如图 1.5 所示。

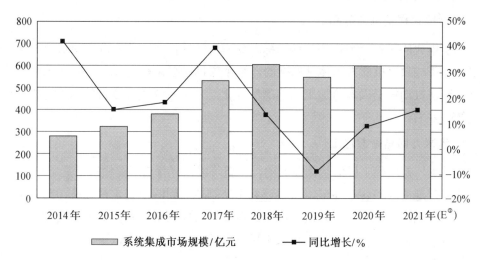

图 1.5 2014—2021 年中国系统集成行业市场规模及预测

（注：① E 表示预测。）

国内工业机器人系统集成产业发展迅速，机器人在各行业、各领域的渗透率在逐年提升，未来有以下几大发展趋势。

1. 由产品批量大、利润高的产业向一般工业延伸

纵观机器人系统集成行业的发展历程可知，首先应用的行业都是批量化生产、利润高的行业。目前机器人系统集成业务集中在汽车工业、3C 电子、金属加工、食品饮料等行业，这些行业中大额、高利润工业机器人订单已逐步被大型集成商瓜分，但一般工业的自动化改造需求仍然相对旺盛。随着传统市场的饱和，机器人系统集成商未来开发的市场通常都将逐步趋向于工艺复杂、标准化程度低、产品批量小、利润空间有限的一般工业，满足国内机器人不同应用行业的不同需求，以完成专业的技术积累。

2. 由自动化程度高的行业向自动化程度低的行业延伸

机器人系统集成业务通常分布在自动化基础比较好的行业，如汽车、3C电子、金属加工、物流等技术要求高、自动化程度高的行业，但随着上述行业竞争的加剧及市场的饱和，系统集成业务将会向自动化程度较低的行业延伸。在此过程中，由于企业自身的自动化、标准化程度低，会对系统集成商提出更多的针对特殊工艺的要求，这不仅蕴含着更多的机器人应用的行业机会，也会进一步促进工厂自动化水平的提升。

3. 未来机器人集成行业细分化

对某一行业的工艺有深入理解的企业，有机会将机器人集成模块化、功能化，进而作为标准设备来提供。既然工艺是门槛，那么同一家公司能够掌握的行业工艺，必然也就只局限于某一个或几个行业，也就是说行业必将细分化。仅苏州地区从事自动化系统集成的企业就超过200家。由于汽车以外的行业系统集成项目越来越多，细分领域增加会导致系统集成商数量进一步增加。可以预知，未来几年行业集中度会进一步降低。

4. 标准化程度持续提高

系统集成的另外一个趋势是项目标准化程度持续提高，将有利于集成企业上规模。如果系统集成只有机器人本体是标准的，整个项目标准化程度仅为30%~50%。现在很多集成商在推动机器人本体加工工艺的标准化，未来系统集成项目的标准化程度将有望达到75%左右。

5. 未来方向是智慧化工厂

智慧工厂是现代工厂信息化发展的一个新阶段，智慧工厂的核心是数字化。信息化、数字化将贯通生产的各个环节，从设计到生产制造之间的不确定性降低，从而缩短产品设计到生产的转化时间，并且提高产品的可靠性与成功率。系统集成商的业务未来向智慧工厂或数字化工厂方向发展，将来不仅仅做硬件设备的集成，更多是做顶层架构设计和软件方面的集成。

6. 市场规模随用工成本增加而扩大

如果单纯从成本的角度考虑，在复杂的工作条件下或在需要发挥想象力、创造力的工作场景，人类具有机器不可替代的作用。但是对于简单重复性劳动，机器人具有明显的成本优势，因此，具备简单、重复性工作特点的手工劳动者所从事的工作，理论上都是潜在的机器人系统集成市场。

机器换人存在一个动态的效益平衡点，可以预见，未来的工人将从事要求更高、需要更"聪明"的工种，而用工成本也会更高。由上述理论可以推断，未来随着劳动力成本的增加，效益平衡点将随之移动，而机器人系统集成行业的市场规模也将随之扩大。

1.3 工业机器人系统技术人才培养

1.3.1 人才分类

※ 工业机器人系统技术人才培养

人才是指具有一定的专业知识或专门技能，进行创造性劳动，并对社会做出贡献的人，是人力资源中能力和素质较高的劳动者。

具体到企业中，人才是指具有一定的专业知识或专门技能，能够胜任岗位能力要求，进行创造性劳动并对企业发展做出贡献的人，是人力资源中能力和素质较高的员工。

按照国际上的分类，普遍认为人才分为 4 类：学术型人才、工程型人才、技术型人才和技能型人才，如图 1.6 所示。其中学术型人才单独分为一类，工程型、技术型与技能型人才统称为应用型人才。

图 1.6 人才分类

学术型人才是指发现和研究客观规律的人才，基础理论深厚，具有较好的学术修养和较强的研究能力。

工程型人才是指将科学原理转变为工程或产品设计、工作规划和运行决策的人才，有较好的理论基础，较强的应用知识解决实际工程的能力。

技术型人才是在生产第一线或工作现场从事为社会谋取直接利益工作的人才，把工程型人才或决策者的设计、规划、决策变换成物质形态或对社会产生具体作用，有一定的理论基础，但更强调在实践中应用。

技能型人才是指掌握各种技艺操作性的技术工人，主要从事操作技能方面的工作，强调工作实践的熟练程度。

1.3.2 产业人才现状

在《中国制造 2025》国家战略的推动下，我国制造业正向价值更高端的产业链延伸，加快从制造大国向制造强国转变。但与整个制造业市场需求相比，人才培养处于滞后的状态，相关领域人才需求预测见表 1.1。

工业机器人的需求正盛，其相关的人才却严重短缺。工业和信息化部发展目标指出，到 2020 年，我国工业机器人操作维护、安装调试、系统集成等应用人才需求量将达 20 万人，人才缺口超过 10 万人，并且将以每年 20%～30%的速度持续增长。工业机器人生产线的日常维护、修理、调试操作等方面都需要各方面的专业人才来处理，目前中小型企业最缺的是具备机器人操作、维修技能的技术人员，而机器人系统集成企业较为缺乏的是项目研发设计与系统编程调试方面的综合性专业人才。

表 1.1　制造业十大重点领域人才需求预测　　　　　　　万人

序号	十大重点领域	2015 年	2020 年		2025 年	
		人才总量	人才总量预测	人才缺口预测	人才总量预测	人才缺口预测
1	新一代信息技术产业	1 050	1 800	750	2 000	950
2	高档数控机床和机器人	450	750	300	900	450
3	航空航天装备	49.1	68.9	19.8	96.6	47.5
4	海洋工程装备及高技术船舶	102.2	118.6	16.4	128.8	26.6
5	先进轨道交通装备	32.4	38.4	6	43	10.6
6	节能与新能源汽车	17	85	68	120	103
7	电力装备	822	1233	411	1731	909
8	农机装备	28.3	45.2	16.9	72.3	44
9	新材料	600	900	300	1 000	400
10	生物医药及高性能医疗器械	55	80	25	100	45

（数据来源：《制造业人才发展规划指南》。）

1.3.3　产业人才职业规划

工业机器人是一门多学科交叉的综合性学科，对人才岗位的需求主要分为三类：学术型岗位、工程技术型岗位和技能型岗位。

1. 学术型岗位

工业机器人技术涉及机械、电气、控制、检测、通信和计算机等学科领域，同时伴随着工业互联网及人工智能的发展，工业机器人的智能化、网络化显得尤为重要，需要大量学术型人才专注于研发创新和探索实践。

2. 工程技术型岗位

工业机器人集成技术需要依据各行业特点进行细化调整才能发挥最大的作用，系统集成人员主要是设计自动化生产线或柔性生产线，不仅要熟悉机器人各应用领域的集成知识和生产工艺，而且要考虑如何提升生产线效能和节约生产成本，另外还要具备进行生产线升级改造和新工艺、新技术应用的能力。因此，这需要既有大量行业生产经验，又熟悉工业机器人集成技术相关理论的复合型人才从事相关工程的研发设计工作。

3. 技能型岗位

在机器人生产线的现场，需要专业人员能够根据生产作业要求，对工业机器人系统进行示教操作或离线编程，并调整生产作业的各项参数，使机器人系统能生产出合格的产品。另外，由于工业机器人系统的复杂性，需要具备相关专业知识的人才对设备进行定期的维护和保养，才能保证系统长期、稳定地运行。这要求相关技术人才具有分析问题和解决问题的能力，能及时发现并解决潜在的问题，维护生产安全。

1.3.4 产教融合学习方法

产业融合学习方法参照国际上一种简单、易用的顶尖学习法——费曼学习法。费曼学习法由诺贝尔物理学奖得主、著名教育家查德·费曼提出，其核心在于用自己的语言来记录或讲述要学习的概念，包括 4 个核心步骤：选择一个概念→讲授这个概念→查漏补缺→简化语言和尝试类比。

美国缅因州贝瑟尔国家科学实验室对学生在每种学习方法下学习 24 h 后的材料平均保持率进行了统计，图 1.7 所示为不同学习模式下的学习效率图。

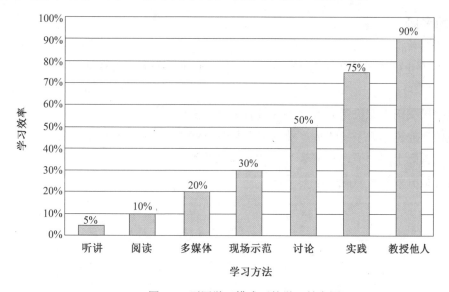

图 1.7　不同学习模式下的学习效率图

从图 1.7 中可以得知，对于一种新知识，通过别人的讲解，只能获取 5%的知识；通过自身的阅读可以获取 10%的知识；通过多媒体等渠道的宣传可以掌握 20%的知识；通过现场实际的示范可以掌握 30%的知识；通过相互间的讨论可以掌握 50%的知识；通过实践可以掌握 75%的知识；最后达到能够教授他人的水平，就能够掌握 90%的知识。

在相关知识学习中，可以通过以下 4 个环节进行知识体系的梳理。

1. 注重理论与实践相结合

对于工业机器人系统技术的学习来说，实践是掌握技能的最好方式，理论对实践具有重要的指导意义，两者相结合才能既了解系统原理，又掌握技术应用。

2. 通过项目案例掌握应用

在工业机器人系统技术领域中，相关原理往往非常复杂，难以在短时间掌握，但是作为工程化的应用实践，其项目案例则清晰明了，可以帮助学习者更快地掌握机器人的应用方法。

3. 进行系统化的归纳总结

任何技术的发展都是有相关技术体系的，通过个别案例很难全部了解，需要在实践中不断归纳总结，形成系统化的知识体系，才能掌握其相关应用，学会举一反三。

4. 通过互相交流加深理解

个人对知识内容的理解可能存在片面性，通过多人的相互交流、合作探讨，可以碰撞出不一样的思路与技巧，实现对工业机器人系统技术的全面掌握。

 思考题

1. 根据工业机器人的组成以及上下游关系，工业机器人产业链主要由哪几部分构成？
2. 现阶段我国工业机器人系统集成具有哪些特点？
3. 我国工业机器人系统集成产业发展趋势有哪些？
4. 按照国际上的分类，普遍认为人才分为哪几类？
5. 简述最有效的产教融合学习方法。

第2章 工业机器人系统技术基础

工业机器人系统技术涉及的学科知识较为广泛，因此在学习机器人系统具体应用前，需要掌握相关的基础知识。

2.1 工业机器人系统定义和组成

根据我国国家标准《机器人与机器人装备词汇》（GB/T 12643—2013/ISO 8373:2012）中的定义：工业机器人系统是指由（多）工业机器人、（多）末端执行器和为使机器人完成其任务所需的任何机械、设备、装置、外部辅助轴或传感器构成的系统。

※ 工业机器人系统定义和组成

根据该定义，可以将工业机器人系统的组成分为 3 个部分：工业机器人、末端执行器和周边配套设备。工业机器人系统的组成如图 2.1 所示。

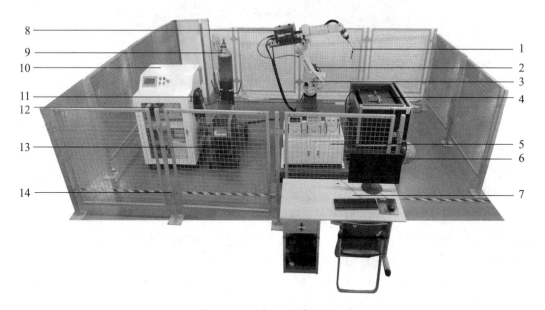

图 2.1　工业机器人系统的组成

1—焊枪；2—焊丝盘架；3—操作机；4—变位机；5—实训模块；6—安全帽；
7—计算机及配套设施；8—送丝机；9—保护气气瓶总成；10—电气柜；11—示教器；
12—机器人控制器；13—焊接电源；14—安全围栏

在图 2.1 中，工业机器人包括操作机 3、示教器 11、机器人控制器 12，末端执行器为焊枪 1，其余均属于周边配套设备。

2.1.1　工业机器人

国家标准《机器人与机器人装备词汇》（GB/T 12643—2013/ISO 8373:2012）将工业机器人定义为：自动控制的、可重复编程、多用途的操作机，可对三个或三个以上轴进行编程。它可以是固定式或移动式。在工业自动化中使用。

工业机器人主要由 3 个部分组成：操作机、控制器和示教器，如图 2.2 所示。

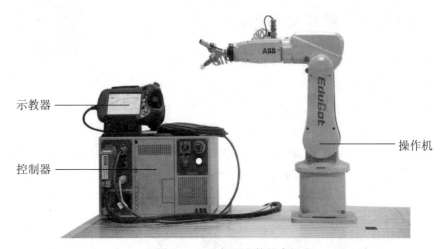

图 2.2　工业机器人的基本组成

（1）操作机。

操作机又称机器人本体，是工业机器人的机械主体，是用来完成规定任务的执行机构，主要由机械臂、驱动装置、传动装置和内部传感器组成。对于六轴机器人而言，其机械臂主要包括基座、腰部、手臂（大臂和小臂）和手腕。

由于机器人需要实现快速而频繁的启停、精确到位的运动，因此要采用位置传感器、速度传感器等检测单元实现位置、速度和加速度闭环控制。

为了适应工业生产中的不同作业和操作要求，工业机器人机械结构系统中最后一个轴的机械接口通常为一个连接法兰，可接装不同功能的机械操作装置（即末端执行器），如焊枪、焊钳、喷枪、打磨动力头等。

（2）控制器。

控制器用来控制工业机器人按规定要求动作，是机器人的关键和核心部分，它类似于人的大脑，控制着机器人的全部动作，也是机器人系统中更新发展最快的部分。

控制器的任务是根据机器人的作业指令程序及传感器反馈的信号支配执行机构完成规定的运动和功能。机器人功能的强弱以及性能的优劣，主要取决于控制器。它通过各种控制电路中硬件和软件的结合来操作机器人，并协调机器人与周边设备的关系。

工业机器人的控制器一般有多种规格，例如 FANUC 机器人的控制器有紧凑型、标准型和专用型等规格。其面板和接口的构成有：操作面板、断路器、USB 端口、连接电缆、散热风扇单元等，如图 2.3 所示。专用型控制器通常适用于大负载或喷涂、焊接等机器人。

（a）紧凑型　　　　　　　（b）标准型　　　　　　　（c）专用型

图 2.3　FANUC 机器人控制器类型

（3）示教器。

示教器也称为示教盒或示教编程器，通过电缆与控制器连接，可由操作者手持移动。

示教器是工业机器人的人机交互接口，机器人的绝大部分操作均可以通过示教器来完成，如点动机器人，编写、测试和运行机器人程序，设定、查阅机器人状态设置和位置等。它拥有自己独立的 CPU 及存储单元，与控制器之间以 TCP/IP 等通信方式实现信息交互。

2.1.2　末端执行器

末端执行器是为使机器人完成其任务而专门设计并安装在机械接口处的装置。

机器人末端执行器的种类有很多，用以适应不同的场合，按照其使用用途主要分为两大类：夹持型和工具型，如图 2.4 所示。

（a）夹持型：吸盘　　　　　（b）工具型：焊枪　　　　　（c）工具型：喷枪

图 2.4　末端执行器

夹持型末端执行器（又称夹持器）是一种夹持物体以便移动或放置它们的末端执行器，如吸盘、夹爪、柔性手等，供抓取和握持用；工具型末端执行器是指本身能进行实际工作，但由机器人手臂移动或定位的末端执行器，如喷枪、焊枪、焊钳、打磨动力头、胶枪等，用来进行相关的加工作业。关于末端执行器的相关介绍和具体应用，见后续章节。

2.1.3 周边配套设备

周边配套设备是指为使机器人完成其任务所需的任何机械、设备、装置、外部辅助轴或传感器。

不同的作业任务，相应的周边配套设备也不同。例如图 2.1 中的弧焊机器人要想完成焊接任务，末端执行器应选择焊枪，而周边配套设备包括弧焊电源、保护气气瓶总成、送丝机、变位机、焊烟净化器等焊接作业专用装置；如果配合视觉系统，机器人则可以进行动态检测和跟踪焊缝的位置和方向。

本章仅介绍工装夹具，其他周边配套设备的相关介绍和具体应用，见后续章节。

1. 工装夹具概念

工业机器人的作业是具有重复性的，但是为了能够得到所需的结果，被加工的工件也需要放置在可重复的位置上。工装或夹具用来固定工件，确保它们被正确地放置在可重复的位置，从而允许机器人完成所需的操作，并达到预期结果。

工装即工艺装备，是制造过程中所用的各种工具的总称，包括刀具、夹具、模具、量具、检具、辅具、钳工工具、工位器具等。

夹具又称卡具，是指制造过程中用来固定加工对象，使之处于正确的位置，以接受施工或检测的装置。从广义上说，在工艺过程中的任何工序，用来迅速、方便、安全地安装工件的装置，都可称为夹具。例如焊接夹具、检验夹具、装配夹具、机床夹具等。

夹具属于工装，工装包含夹具，属于从属关系。一些韩资和日资企业及我国的一些台资企业将夹具称作"治具"。

2. 工装夹具作用

（1）保证和提高产品质量。

采用工装夹具，不仅可以保证装配定位时各零件正确的相对位置，而且可以防止或减少工件的加工变形。尤其是批量生产时，可以稳定和提高加工质量，减少工件尺寸偏差，保证产品的互换性。

（2）提高劳动生产率，降低制造成本。

采用工装夹具能减少装配和加工时的消耗，减少辅助工序的时间，从而提高劳动生产率；降低对装配、作业工人的技术水平要求；由于加工质量得到提高，可以减免加工后矫正变形或修补工序，简化检验工序等，缩短整个产品的生产周期，使产品成本大幅度降低。

（3）减轻劳动强度，保障安全生产。

采用工装夹具，工件定位快速，装夹方便、省力，减轻了工件装配定位和夹紧时的繁重体力劳动；工件的翻转可以实现机械化，变位迅速，加工条件大为改善，同时有利于加工生产的安全管理。

3. 工装夹具分类

按照用途不同，工装夹具可分为装配用工艺装备、焊接用工艺装备、机床用工艺装备等，如图 2.5 所示。

（a）装配用工艺装备　　　　（b）焊接用工艺装备　　　　（c）机床用工艺装备

图 2.5　工装夹具分类

（1）装配用工艺装备。

装配用工艺装备是指在装配中用来对零件施加外力，使其获得可靠定位的工艺装备，包括各种定位器、夹紧器、推拉装置、装配台架等。其主要任务是按产品图样和工艺上的要求，把工件中各零件或部件的相互位置准确地固定下来，从而方便进行装配。

（2）焊接用工艺装备。

焊接用工艺装备是专门完成焊接操作的辅助设备，包括保证焊件尺寸、防止焊接变形的焊接夹具；焊接小型工件用的焊接工作台；将工件回转或倾斜，使焊件接头处于水平或船形位置的焊接变位机；将工件绕水平轴翻转的焊接翻转机；将焊件绕垂直轴进行水平回转的焊接回转台；带动圆筒形或锥形工件旋转的焊接滚轮架；焊接大型工件时，带动操作者升降的焊工升降台等。

（3）机床用工艺装备。

机床用工艺装备是机床上专为某一工件的某道工序而专门设计的夹具，是一种用以装夹工件和引导刀具的装置。例如，车床上的三爪卡盘和四爪单动卡盘，铣床上的平口钳、分度头和回转工作台等。这类夹具一般由专业工厂生产，常作为机床附件提供给用户。

应该指出，实际生产中工艺装备的功能往往不是单一的，如定位器、夹紧器常与装配台架合在一起，装配台架又与工件操作机械合并在一套装置上。

2.2 工业机器人系统的特点

工业机器人系统具有以下主要特点。

※ 工业机器人系统特点

1. 技术先进

工业机器人集精密化、柔性化、智能化等先进制造技术于一体，通过对过程实施检测、控制、优化、调度、管理和决策，实现增加产量、提高质量、降低成本、减少资源消耗与环境污染的目的，是工业自动化水平的较高体现。

2. 技术升级方便

工业机器人与自动化成套装备具备精细制造、精细加工及柔性生产等技术特点，是继动力机械、计算机之后，全面延伸人的体力和智力的新一代生产工具，是实现现代生产数字化、自动化、网络化及智能化的重要手段。

3. 应用领域广泛

工业机器人与自动化成套装备是生产过程的关键设备，可用于制造、安装、检测、物流等环节，并广泛应用于汽车整车及汽车零部件、工程机械、轨道交通、低压电器、电力、IC 装备、军工、烟草、金融、医药、冶金及印刷出版等众多行业，应用领域非常广泛。

4. 技术综合性强

工业机器人与自动化成套技术集中并融合了多门学科，涉及多种技术领域，包括工业机器人控制技术、机器人动力学及仿真、机器人构建有限元分析、激光加工技术、模块化程序设计、智能测量、建模加工一体化、工厂自动化及精细物流等先进制造技术，技术综合性强。

2.3 工业机器人系统的应用形式

工业机器人系统的应用形式大致可分为 3 个层次：工作站、生产线和无人化工厂。

1. 工作站

应用一台或多台工业机器人完成单一工作或者替代某个工位上的工人，则这个工位连同其上的工业机器人在工业生产中被视为一个整体，称为工业机器人工作站，如图 2.6 所示。

2. 生产线

由多个工业机器人工作站和生产自动化设备组成的、能够实现产品全套生产流程并能连续进行生产的生产线，称为工业机器人生产线。例如，汽车制造业的很多汽车生产线已经达到无人化的水平，是高度自动化的工业机器人生产线，如图 2.7 所示的焊接生产线。

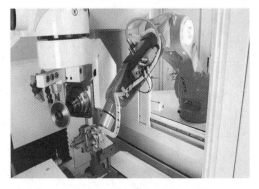

图 2.6　工业机器人搬运工作站：机床上下料　　　图 2.7　汽车制造厂中的工业机器人焊接生产线

3. 无人化工厂

如果一个工厂中几乎没有从事简单操作的工人，仅使用大量工业机器人与自动化设备以及少数从事维护检测的人员，则该工厂实现了无人化，如图 2.8 所示。

图 2.8　无人化工厂

2.4　工业机器人系统集成设计流程

工业机器人系统集成设计属于工业机器人应用研究范畴，通过分析工业机器人应用及其系统定义，结合丰富的项目案例，可以总结其一般流程。工业机器人系统集成设计流程如图 2.9 所示。

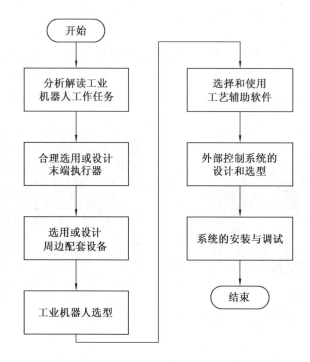

图 2.9 工业机器人系统集成设计流程

1. 分析解读工业机器人工作任务

工业机器人的工作任务是整个系统集成设计的核心问题和要求,所有的设计都必须围绕工作任务来完成。这决定了工业机器人本体的选型、末端执行器的选用或设计、工艺软件的使用、周边配套设备的选择以及外围控制系统的设计。所以,必须准确而清晰地分析解读工业机器人的工作任务,否则将使系统集成设计达不到预期的效果,甚至完全错误。

2. 合理选用或设计末端执行器

末端执行器是工业机器人进行工艺加工操作的执行元件,配合周边配套设备完成规定的操作或作业。末端执行器的选用或设计的根本依据是机器人的工作任务。工业机器人需要进行何种操作或作业,或是弧焊操作,或是搬运码垛操作,亦或是打磨抛光操作等,以及操作所需要达到工艺水准、加工对象的情况,都需要综合考虑。只有正确、合理地选用或设计末端执行器,让其与机器人、周边配套设备配合起来,才能使机器人发挥其应有的功效,更好地完成作业。

3. 选用或设计周边配套设备

末端执行器确定之后,需要根据加工工艺、加工对象、机器人系统空间布局等来选用或设计周边配套设备。工业机器人系统往往无法仅靠机器人本体完成工作任务,而是要配合工业现场的周边配套设备,如对应的作业装置、工装夹具、液压或气动执行单元、伺服执行单元、输送单位、检测单元等。在设计工业机器人系统集成方案时，需要考虑硬件的结构尺寸、接口匹配、传感器等因素。

图 2.1 中的机器人要想完成弧焊作业，其末端执行器需选用焊枪，并配套弧焊电源、保护气气瓶总成、送丝机、焊丝盘架、焊烟净化器等焊接作业专用装置和焊件摆放装置及夹具等。在某些焊接场合，因工件空间几何形状过于复杂，使得焊枪无法到达指定的焊接位置或姿态，此时需要采用变位机来增加机器人的自由度，以便获得最佳的焊接位置。对于某些搬运场合，由于搬运空间较大，搬运机器人的末端执行器往往无法到达指定的搬运位置或姿态，此时需要通过外部轴的办法来增加机器人的自由度，如移动平台装置。

这些周边配套设备中，有些部件已经标准化，根据实际需要采购即可；有些部件则需要根据加工工艺、加工对象、机器人系统空间布局等来设计优化。另外，机器人系统还需要考虑安全因素。安全问题包括设备安全和人身安全，可以通过加装防碰撞传感器、安全防护装置等来避免。

4. 工业机器人选型

当末端执行器及周边配套设备确定下来后，需要进行工业机器人的选型，它是机器人系统的核心部分。由于不同品牌工业机器人的技术特点、擅长领域各不相同，首先根据工作任务的工艺要求，初步选定工业机器人的品牌。其次根据工作任务、末端执行器、对象及工作环境等因素决定所需工业机器人的额定负载、工作范围、防护等级等性能指标，最终确定工业机器人的型号。最后再仔细考虑如系统先进性、配套工艺软件、I/O 接口、总线通信方式、外部设备配合等问题。

在满足工作任务要求和成本控制的前提下，尽量选用控制系统更先进、I/O 接口更多、有配套工艺软件的机器人品牌和型号，以便使系统具有一定的冗余性和扩充性。综上所述，最终选定工业机器人的品牌和型号。

5. 选择和使用工艺辅助软件

工业机器人工艺辅助软件是当工业机器人应用系统涉及复杂工艺操作时，辅助技术人员进行机器人工作路径规划、工艺参数管理和点位示教的软件，一般会与三维建模软件同时使用。功能强大的工艺辅助软件还可以进行如生产数据管理、工艺编制、生产资源管理和工具选择，甚至可以直接输出工业机器人运动程序。

由于工业机器人品牌的不同，导致其核心控制器件也不同，从而使得部分工业机器人生产供应商针对不同加工工艺，都提供配套的工艺软件，提升了工艺水准。因此，需要综合考虑工作任务和所选定的工业机器人品牌，确定是否选用工艺软件，以及选用何种工艺软件。

6. 外部控制系统的设计和选型

根据前面步骤所选定的工业机器人品牌型号、末端执行器、周边配套设备，综合考虑工作任务后初步选定外部控制系统的核心控制器件。一般情况下，都选用 PLC 作为外围控制系统的核心控制器件，但是在某些特殊的加工工艺中，比如工艺过程连续、对时间要求非常精确的情况下，需要考虑 PLC 的性能是否会对加工工艺造成不良影响，此时可以选用其他控制器件，如嵌入式系统等。在通信方式上，应尽量考虑在工业机器人以及各外部控制设备之间采用工业现场总线的通信方式，以减少安装施工工作量与周期，提高系统可靠性，降低后期维护维修成本。同时，安全问题在外部控制系统中也是非常重要的，必须要设计好安全防护机制。

综合考虑以上因素，进行整个系统集成的设计与选型，在该过程中充分考虑系统的先进性、安全性、可靠性、兼容性和扩充性的基础上，尽可能地采用成熟的器件与设计思路。

7. 系统的安装与调试

前述所有步骤均完成后，就可以进入系统的安装、调试阶段。在工业机器人系统的安装阶段，需严格遵守施工规范，保证施工质量。调试时，不仅要进行机器人的编程操作，还要完成与周边配套设备的联调，此外还应尽量考虑到各种使用情况，尽可能地提前发现问题并反馈，以确保机器人系统的整个操作控制过程顺利进行。不论是安装还是调试，安全问题都是重中之重，必须时刻牢记安全操作规程。

2.5 工业机器人系统典型应用

随着制造业自动化和智能化程度的不断提升，工业机器人系统技术的应用越来越成熟，应用场景也越来越广泛。工业机器人系统的典型应用包括搬运、装配、焊接、码垛、喷涂、打磨等。

※ 工业机器人系统典型应用

1. 搬运机器人

搬运作业是指用一种设备握持工件，从一个加工位置移动到另一个加工位置。

搬运机器人可安装不同的末端执行器（如机械手爪、真空吸盘等）以完成各种不同形状和状态的工件搬运，大大减轻了人类繁重的体力劳动。通过编程控制，还可以配合各个工序的不同设备实现流水线作业。

搬运机器人广泛应用于机床上下料、自动装配流水线、码垛搬运、集装箱等自动搬运，如图 2.10 所示。

2. 装配机器人

装配是一个比较复杂的作业过程，不仅要检测装配过程中的误差，而且要试图纠正这种误差。装配机器人是柔性自动化系统的核心设备，末端执行器种类多以适应不同的装配对象；传感系统用于获取装配机器人与环境和装配对象之间相互作用的信息。装配机器人主要应用于各种电器的制造业及流水线产品的组装作业，具有高效、精确、持续工作的特点，如图 2.11 所示。

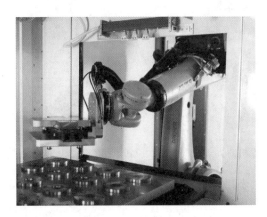

图 2.10 搬运机器人　　　　　　　　　图 2.11 装配机器人

3. 焊接机器人

目前工业应用领域最多的是焊接机器人，如工程机械、汽车制造、电力建设等，焊接机器人能在恶劣的环境下连续工作并能提供稳定的焊接质量，提高工作效率，减轻工人的劳动强度。采用焊接机器人是焊接自动化的革命性进步，突破了焊接专机的传统方式，如图 2.12 所示。

图 2.12 焊接机器人

焊接机器人基本上都是关节型机器人，绝大多数有 6 个轴。按焊接工艺的不同，焊接机器人主要分 3 类：点焊机器人、弧焊机器人和激光焊接机器人，如图 2.13 所示。

22

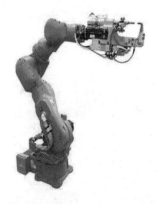  

（a）点焊机器人　　　　　（b）弧焊机器人　　　　（c）激光焊接机器人

图 2.13　焊接机器人分类

4. 码垛机器人

码垛机器人是可满足中低产量的生产需要，也可按照要求的编组方式和层数，完成对料袋、箱体等各种产品的码垛，如图 2.14 所示。使用码垛机器人能提高企业的生产效率和产量，减少人工搬运造成的错误；还可以全天候作业，节约大量人力资源成本。码垛机器人广泛应用于化工、饮料、食品、啤酒和塑料等生产企业。

5. 喷涂机器人

喷涂机器人适用于生产量大、产品型号多、表面形状不规则的工件外表面涂装，广泛应用于汽车、汽车零部件、铁路、家电、建材和机械等行业，如图 2.15 所示。

图 2.14　码垛机器人　　　　　　　　　图 2.15　喷涂机器人

6. 打磨机器人

打磨机器人是指可进行自动打磨的工业机器人，主要用于工件的表面打磨、棱角去毛刺、焊缝打磨、内腔内孔去毛刺、孔口螺纹口加工等工作。

机器人打磨广泛应用于 3C、卫浴五金、IT、汽车零部件、工业零件、医疗器械、木材建材家具制造、民用产品等行业，如图 2.16 所示。

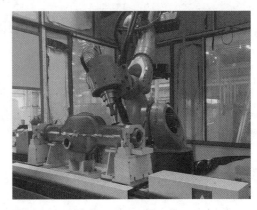

图 2.16　打磨机器人

 思考题

1. 工业机器人系统定义是什么？
2. 工业机器人系统由哪几部分组成？
3. 什么是末端执行器？其作用是什么？
4. 按照使用用途，末端执行器分哪几类？
5. 工业机器人系统的特点有哪些？
6. 工业机器人系统应用形式有哪些？
7. 简述工业机器人系统集成设计流程。
8. 工业机器人系统的典型应用有哪些？

第3章　搬运机器人技术与应用

搬运机器人是可以进行自动化搬运作业的工业机器人。目前世界上使用的搬运机器人逾 10 万台，广泛应用于机床上下料、冲压机自动化生产线、自动装配流水线、集装箱等的自动搬运。

3.1　机器人搬运应用概述

近年来，随着我国人口红利的逐渐消失，企业用工成本不断上涨，各种工业机器人获得了广泛的应用。焊接、装配、切割、分拣、搬运等机器人的出现，不仅通过"机器换人"

※ 机器人搬运应用概述

解放了企业和行业的生产力，更推动了产业发展由劳动密集型向技术密集型的转变，促进了行业从传统模式向现代化、智能化的升级。

在众多的工业机器人中，搬运机器人无疑是应用率最高的机器人之一，广泛应用于工业制造、仓储物流、烟草、医药、食品、化工等行业领域，如图 3.1 所示。

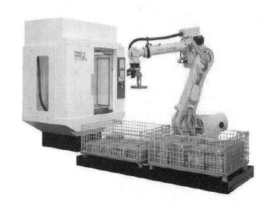

（a）对产品进行整列　　　　　　　　　　（b）机床上下料

图 3.1　搬运机器人应用

随着未来仓储物流智能化及智慧工厂快速发展，未来搬运机器人市场有望继续保持快速增长。据相关数据统计，2020 年我国搬运机器人销量回升至 6.3 万台左右，同比增长 1.61%，如图 3.2 所示。

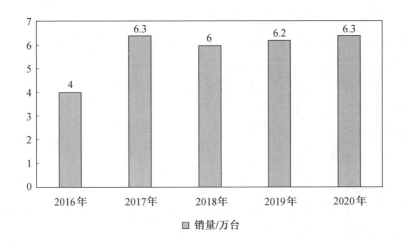

图 3.2　2016—2020 年搬运码垛机器人市场规模（单位：亿元）

3.2　搬运机器人系统组成

搬运机器人系统由 3 个部分组成：搬运机器人、末端执行器和周边配套设备。以机床上下料搬运应用为例，其系统组成如图 3.3 所示，周边配套设备主要包括数控机床、工件摆放装置、电气柜等。

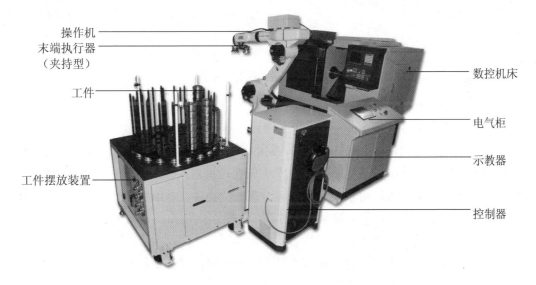

图 3.3　搬运机器人系统组成

3.2.1　搬运机器人

1. 搬运机器人特点

搬运机器人具有以下主要优点：

（1）动作稳定，搬运的准确性高。

（2）提高生产效率，解放繁重体力劳动，实现"无人"或"少人"生产。

（3）改善工人劳作条件，摆脱有毒、有害环境。

（4）柔性高、适应性强，可实现多形状、不规则物料搬运。

（5）定位准确，保证批量一致性。

（6）降低制造成本，提高生产效益。

2. 搬运机器人分类

按照结构形式不同，搬运机器人可分为 3 大类：直角坐标式搬运机器人、关节式搬运机器人和并联式搬运机器人。其中，关节式搬运机器人又分水平关节式和垂直关节式搬运机器人，如图 3.4 所示。

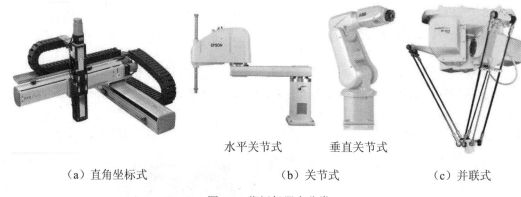

水平关节式　　　　垂直关节式

（a）直角坐标式　　　　　　（b）关节式　　　　　　（c）并联式

图 3.4　搬运机器人分类

（1）直角坐标式搬运机器人。

直角坐标式搬运机器人（又称龙门式搬运机器人）主要由 X 轴、Y 轴和 Z 轴组成。多数采用模块化结构，可根据负载位置、大小等选择对应直线运动单元及组合结构形式。如果在移动轴上添加旋转轴就成为 4 轴或 5 轴搬运机器人。此类机器人具有较高的强度和稳定性，负载能力大，可以搬运大物料、重吨位物件，且编程操作简单，广泛应用于生产线转运、机床上下料等大批量生产过程，如图 3.5 所示。

（2）关节式搬运机器人。

关节式搬运机器人是目前工业应用最广泛的机型，具有结构紧凑、占地空间小、相对工作空间大、自由度高等特点。

①水平关节式搬运机器人一般有 4 个轴，是一种精密型搬运机器人，具有速度快、精度高、柔性好、重复定位精度高等特点，在垂直升降方向刚性好，尤其适用于平面搬运场合。其广泛应用于电子、机械和轻工业等产品的搬运，如图 3.6 所示。

②垂直关节式搬运机器人多为 6 个自由度，其动作接近人类，工作时能够绕过基座周围的一些障碍物，动作灵活。其广泛应用于汽车、工程机械等行业，如图 3.7 所示。

（3）并联式搬运机器人。

并联式搬运机器人多指 DELTA 并联机器人，它具有 3～4 个轴，是一种轻型、高速搬运机器人，独特的并联机构可实现快速、敏捷的动作，且非累积误差较低。它具有小巧、高效、安装方便和精度高等优点，广泛应用于电子产品、医疗药品、食品等搬运，如图 3.8 所示。

图 3.5　直角坐标式搬运机器人上下料

图 3.6　水平关节式搬运机器人搬运电子产品

图 3.7　垂直关节式搬运机器人搬运箱体

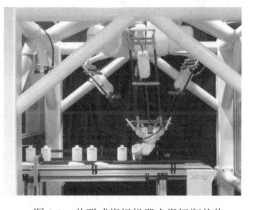

图 3.8　并联式搬运机器人搬运瓶状物

3.2.2　末端执行器

搬运机器人系统的末端执行器通常为夹持型末端执行器（即夹持器），可分为两大类：非抓握型夹持器和抓握型夹持器。

1. 非抓握型夹持器

非抓握型夹持器是指不用手指搬运物体的夹持器，是以铲、钩、穿刺和黏着，或以真空、磁性和静电的悬浮方式搬运物体，常见的是吸附式，相关介绍详见 7.2.2 节。

2. 抓握型夹持器

抓握型夹持器是指用（一个或多个）手指搬运物体的夹持器，常见的有夹钳式、仿人式、夹板式和抓取式。其中，夹板式和抓取式常用于码垛应用，相关介绍详见 7.2.2 节。

本章主要介绍夹钳式夹持器和仿人式夹持器。

（1）夹钳式夹持器。

夹钳式夹持器是工业机器人常用的一种抓握型夹持器。夹钳式夹持器通常采用手指拾取工件，其手指与人的手指相似，通过手指的开启闭合实现对工件的夹取，多用于重负载、高温等非抓握型无法进行工作的场合。

夹钳式夹持器的基本结构有手指、驱动机构、传动机构、连接和支承元件，其组成如图 3.9 所示。手指是与工件直接相接触的部件，其形状将直接影响抓取工件的效果，多数情况下只需两个手指配合就可以完成一般工件的夹取，而对于复杂工件可以选择用三指或多指进行抓取。

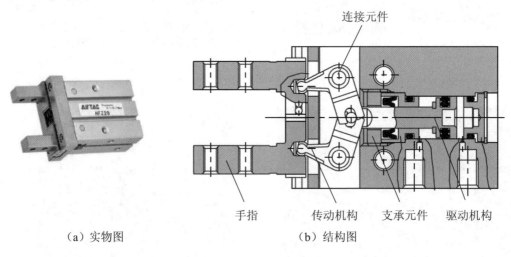

（a）实物图　　　　　　　　（b）结构图

图 3.9　夹钳式夹持器的组成

夹钳式夹持器常见的手指端面形状有 V 形、平面形和尖形等，如图 3.10 所示。

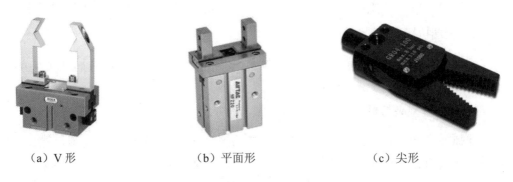

（a）V 形　　　　　　　（b）平面形　　　　　　　（c）尖形

图 3.10　夹钳式夹持器常见的手指端面形状

V 形端面常用于抓取圆柱形或者含有圆柱形表面的工件，其夹持稳固可靠，误差相对较小，如图 3.10（a）所示；平面形端面多数用于夹持方形工件或者至少有两个平行面的物件，如厚板形或短小棒料等，如图 3.10（b）所示；尖形端面常用于夹持复杂场合小型工件，避免与周围障碍物相碰撞，也可夹持炽热工件，避免搬运机器人的本体受到热损伤，如图 3.10（c）所示。

夹持式末端执行器的动作需要单独的外力进行驱动，需要连接相应的外部信号控制装置及传感系统，以控制手指实时的动作状态及力的大小。其手指驱动方式有气动、液动、电动和电磁驱动。气动手指因有许多突出的优点，如结构简单、成本低、容易维修，而且开合迅速、质量轻，目前得到广泛的应用。

图 3.11 所示是一种气动手指，气缸中的压缩空气推动活塞使曲杆往复运动，从而使手指沿导向槽开合。

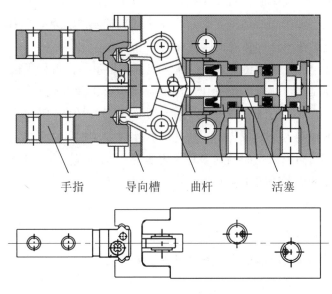

手指　　　导向槽　　曲杆　　　活塞

图 3.11　气动手指

（2）仿人式夹持器。

目前，大部分工业机器人的夹钳式末端执行器只有两个手指，而且手指上一般没有关节，导致取料时不能适应物体外形的变化，不能使物体表面承受比较均匀的夹持力，因此无法对复杂形状、不同材质的物体实施夹持和操作。

为了提高机器人手部和手腕的操作能力、灵活性和快速反应能力，使机器人能像人手一样进行各种复杂的作业，如装配作业、维修作业、设备操作等，就必须有一个运动灵活、动作多样的灵巧手，即仿人手。

仿人式夹持器主要有柔性手和多指灵巧手两种，如图 3.12 所示。

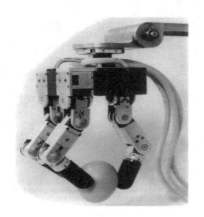

（a）柔性手   （b）多指灵巧手

图 3.12　仿人式夹持器

柔性手是多关节柔性手腕，每个手指由多个关节链组成，关节链由摩擦轮和牵引线组成，工作时通过一根牵引线收紧、另一根牵引线放松实现抓取，其抓取的工件多为不规则、圆形等轻便工件，且物体受力比较均匀。

多指灵巧手是一种完美的仿人式夹持器，包括多根手指，每根手指都包含 3 个回转自由度且为独立控制，可实现精确操作，广泛应用于核工业、航天工业等高精度作业。图 3.12（b）所示为哈尔滨工业大学机器人研究所刘宏教授团队研制出的机器人多指灵巧手，其具有多种感知能力、集成化、模块化、数字化及实时控制等特点，相关技术达到国际领先水平，可面向未来空间站的多种舱内舱外作业任务需求，也可应用于服务型机器人，提高残疾人日常生活的质量。

3.2.3　周边配套设备

搬运机器人系统的周边配套设备包括数控机床、工件摆放装置、移动平台装置、安全防护装置等，用以辅助搬运机器人系统完成整个搬运作业。

1. 数控机床

数控机床是一种采用计算机技术，利用数字进行的高效、能自动化加工的机床，能够按照事先编制好的加工程序，自动地对被加工零件进行加工。把零件的加工工艺路线、工艺参数、刀具的运动轨迹、位移量、切削参数及辅助功能，按照数控机床规定的指令代码及程序格式编写成加工程序单，通过将程序单中的内容输入数控机床的控制装置中，从而指挥机床加工零件。

按照工艺用途分类，数控机床可分为金属切削类数控机床、金属成形类数控机床、数控特种加工机床和其他类型的数控机床，如图 3.13 所示。

（1）金属切削类数控机床。

金属切削类数控机床有数控车床、数控铣床、数控钻床、数控镗床、数控磨床、数控插齿机、数控镗铣床、数控凸轮磨床、数控磨刀机、数控曲面磨床等。磨削中心、加工中心是带有刀库和自动换刀装置的数控机床，如加工中心数控磨床等。

（2）金属成形类数控机床。

金属成形类数控机床有数控折弯机、数控弯管机、数控液压成形机和数控压力机等。

（3）数控特种加工机床。

数控特种加工机床有数控线切割机床、数控电火花加工机床、数控电脉冲机床、数控激光加工机床等。

（4）其他类型的数控机床。

其他类型的数控机床有雕刻机、水射流切割机、鞋样切割机、数控三坐标测量机等。

（a）金属切削类数控机床——数控车床

（b）金属成形类数控机床——数控折弯机

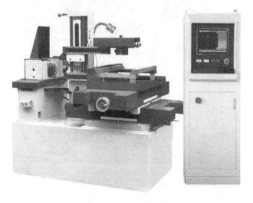
（c）数控特种加工机床——数控线切割机床

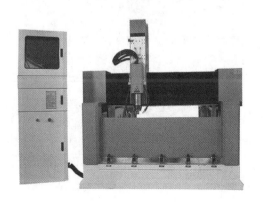
（d）其他类型的数控机床——雕刻机

图 3.13　数控机床

2. 工件摆放装置

工件摆放装置多种多样，机床上下料应用中常用的是旋转盘式料仓，如图 3.14 所示。其包括两个转盘，一个转盘提供毛坯料，另一个转盘可放置相同数量的产品，每个转盘上有 6 个仓位。转盘的每个仓位均可调节大小，以适应不同直径的产品，一次装料可在机器人的协同下自动完成毛坯料定点夹取，加工后自动摆放。

图 3.14　旋转盘式料仓

3. 移动平台装置

对于某些搬运场合，由于搬运空间较大，搬运机器人的末端执行器往往无法到达指定的搬运位置或姿态，此时需要通过外部轴来增加机器人的自由度。搬运机器人增加自由度最常用的方法是利用移动平台装置，将其安装在地面或龙门支架上，扩大机器人的工作范围，如图 3.15 所示。

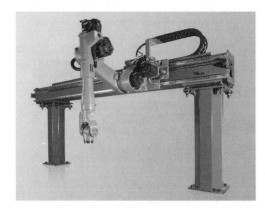

（a）地面移动平台装置　　　　　　　（b）龙门支架移动平台装置

图 3.15　移动平台装置

4. 安全防护装置

为了减小已知的危险和保护各类工作人员的安全，在设计工业机器人系统时，应根据机器人系统的作业任务及各阶段操作过程的需要和风险评估的结果，选择合适的安全防护装置。

机器人系统安全防护装置的作用如下：

（1）防止各操作阶段中与该操作无关人员进入危险区域。

（2）中断引起危险的来源。

（3）防止非预期的操作。

（4）容纳或接受机器人系统作业过程中可能掉落或飞出的物件。

（5）控制作业过程中产生的其他危险，如抑制噪声、遮挡激光或弧光等。

工业机器人系统常见的安全防护装置有安全栅栏、安全光幕、安全门/链、激光扫描仪等，如图 3.16 所示。

（a）安全栅栏

（b）安全光幕

（c）安全门/链

（d）激光扫描仪

图 3.16　安全防护装置

（1）安全栅栏。

安全栅栏（又称安全围栏）是一种固定式防护装置，其需要满足以下要求：

①必须能抵挡可预见的操作及周围冲击（栅栏底部离走道地面距离不大于 0.3 m，高度应不少于 1.5 m）。

②不能有尖锐的边沿和突出物，栅栏不能成为危险源。

③能够防止人员通过打开互锁设备以外的其他方式进入机器人的保护区域。

④栅栏位置固定，需借助工具才能移动。

⑤不能妨碍生产过程及对该过程的查看。

⑥栅栏范围应大于机器人的运动区域。

⑦在某些应用环境中需要接地，以防止发生意外的触电事故。

（2）安全光幕。

安全光幕（又称安全光栅）是一种现场传感安全防护装置，主要应用在机器人焊接、冲压、剪切、自动化生产线等场合，可以有效保护操作人员和机器设备的安全，起到安全防护的作用。

安全光幕一般分为两种类型：对射式安全光幕和反射式安全光幕。

①对射式安全光幕。

对射式安全光幕是指发光单元、受光单元分别在发光器、受光器内，发光单元发出的光直射到受光单元，从而形成保护光幕的安全光幕装置。对射式安全光幕主要由 4 部分组成：发光器、受光器、发光器传输线和受光器传输线，传输线通常接至机器人控制器或控制系统。

某对射式安全光幕的工作原理如图 3.17 所示。

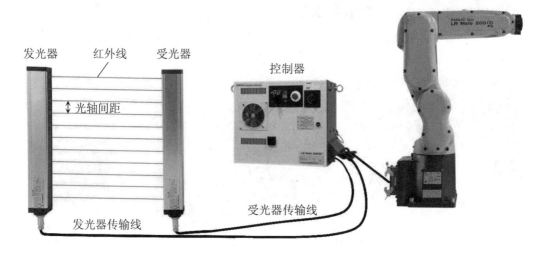

图 3.17　对射式安全光幕的工作原理

光幕的发光器等间距安装有多个红外发射管，受光器相应的有相同数量同样排列的红外接收管，每一个红外发射管都有一个相对应的红外接收管，且安装在同一条直线上。当同一条直线上的红外发射管、红外接收管之间没有障碍物时，红外发射管发出的调制信号（光信号）能顺利到达红外接收管。红外接收管接收到调制信号后，相应的内部电路输出低电平，而在有障碍物的情况下，红外发射管发出的调制信号（光信号）不能顺利到达红外接收管，这时该红外接收管接收不到调制信号，相应的内部电路输出为高电平。当光幕中没有物体通过时，所有红外发射管发出的调制信号（光信号）都能顺利到达另一侧的相应红外接收管，从而使内部电路全部输出低电平。这样，通过对内部电路状态进行分析就可以检测到物体存在与否的信息。

②反射式安全光幕。

反射式安全光幕是指发光单元、受光单元都在同一传感器内，发光单元发出的光通过反射器反射回受光单元，从而形成保护光幕的安全光栅装置。

发光器及反射器两部分之间形成安全保护屏。每当安全保护屏受干扰或设备工作不正常时，发光器都发射信号，传送给控制系统以防止可能发生的危险运动，如压力机停止锤头下行的危险。反射式光安全光栅主要由 3 部分组成：传感器、反射器、传输线。

安全光幕需要满足以下要求：

a. 安全光幕的布局应能使传感装置未起作用前人员不能进入且身体各部分不能伸到限定空间内。为了防止人员绕开安全光幕有效区域进入机器人系统危险区，通常与安全栅栏一起使用。

b. 当阻断安全光幕传感区域时，视为安全光幕已起作用，机器人系统停止运行。在恢复机器人运动时，需要撤离安全光幕传感区域的阻断，此时不应使机器人系统重新启动自动运行。

c. 可与指示安全光幕正在运行的指示灯联用，易于实时观察机器人系统的运行状态。

（3）安全门/链。

安全门/链是一种连锁式防护装置，其需要满足以下要求：

①除非安全门关闭，否则机器人不能自动运行。

②安全门的关闭不能重新启动、自动运行。

③安全门利用安全插销和插槽实现互锁。

④生产运行时，安全门必须一直保持关闭状态，或者机器人运行时打开安全门就发送一个安全门打开信号使机器人动作停止。

（4）激光扫描仪。

激光扫描仪也是一种现场传感安全防护装置，可以用来控制机器人运行速度。

①在手动模式下，当作业人员打开安全门，进入机器人工作区域，激光扫描仪检测到区域内异常时，可以将系统输入信号（如安全速度信号）断开，控制机器人以安全速度动作。

②在自动模式下，当激光扫描仪检测到区域内异常时，机器人将停止动作。直至区域内无异常，系统输入信号（如安全速度信号）自动恢复正常，方可重新发送启动信号，系统继续运行。

3.3　搬运机器人系统选型

机器人搬运项目涉及的项目类型很多，例如冲压、电焊、机床上下料等，只要是机器人需要悬挂负载，在规定的节拍

※ 搬运机器人系统选型

内完成动作的都可以称作搬运项目。但是在项目实施过程中往往会遇到以下问题：

（1）机器人负载不够。

（2）机器人动作节拍不够。

（3）机器人需要更换为新的型号。

由于这些项目是非标项目，后期更换不仅比较麻烦，还会造成一定的损失，所以在设计时需要正确地进行选型。

3.3.1 搬运机器人选型

在选择工业机器人时，为了满足功能要求，必须从可搬运质量、工作空间、自由度等方面来分析，只有它们同时被满足或者增加辅助装置后即能满足功能要求的条件，所选用的工业机器人才是可用的。机器人的选用也常受机器人市场供应因素的影响，所以还需考虑市场价格，只有那些可用而且价格低廉、性能可靠，且有较好的售后服务的，才是最应该优先选用的。

以机床上下料搬运机器人选型为例，结合上下料生产线实际情况，总结出上下料搬运机器人选型总体原则：

（1）根据上下料生产线结构与工件加工工艺，初步确定所需机器人的工位与装机总量。

（2）根据工件的质量及外形尺寸，估计末端执行器的最大质量以初步确定机器人的最小载荷限制。

（3）根据上下料节拍要求和成本预算，确定机器人性能参数和工作范围特点，选择机器人与末端执行器的搭配方式。

（4）根据工件的生产种类和机器人工位，确定末端执行器总套数和最大高度。

（5）根据生产线布局和机床加工工艺参数，确定机器人的水平最大臂展和安装位置。

（6）根据机床摆放位置、数量等参数，确定机器人的实际最大臂展、上下料的最大干涉高度、机器人腰部和机器人基座的外形尺寸及高度。

（7）根据上下料机器人手腕承载与工具质心偏置，确定机器人的实际承载能力与选型要求是否相符，并在软件环境下进行机器人上下料干涉校检，确定机器人的精确位置及其运行轨迹。

（8）根据自动化生产线结构和环境特点，选购或自行开发技术配套单元，配备外围设备单元，并进行生产编程调试。

3.3.2 末端执行器选型和设计

1. 末端执行器选型

搬运机器人系统的末端执行器多为各种各样的夹持器，需要根据工件的不同选择合适的末端执行器，一般根据以下 5 点来选择。

（1）应用场景。

选择末端执行器要明确应用场景，首先需要确定被处理工件的外形，是需要从里面夹持的圆柱体还是需要小心抓取的箱体。在形状确定后，还需要考虑对其进行表面处理。例如，是否需要软的夹持器，以确保工件不被划伤。同时还需要考虑工件的刚性，像挡风玻璃这种物件，表面很坚硬，但是也很容易变成碎片，这时需要考虑使用吸盘而不是机械抓手来移动这些物件。

（2）载荷和夹持力。

载荷不仅影响到机器人夹持器，还影响到机器人本身。如果机器人单元移动的工件质量接近于机器人的最大载荷，将导致机器人单元的速度下降。如果目标应用需要快速流畅，那么就需要选择一个载荷比目标工件要大一些的机器人和夹持器。

关于夹持力，一方面需要保证有足够的夹持力可以让工件不致跌落。另一方面，又要确保夹持力不会过度而损坏工件。

（3）精度。

虽速度是很多机器人应用的要求，但运动的精准与精确也同样重要。由于这些因素很难确定，而且在大量实际应用中可能只是想要一个重复精度好的夹持器。事实上，夹持器的精度主要取决于工业机器人，如果夹持器的重复精度没有问题，那么夹持器的运动精度是能够满足应用要求的。

（4）速度。

如果想优化工艺，需要强化加速度和速度，同时还要有一个安全的抓手。如果工件很薄并且很光滑，比如钣金件，而且工件表面和抓手之间的摩擦系数很低，这时就需要考虑在达到最高速度时的惯性。关于整个循环的速度，还需要考虑夹持器本身的速度，需要保证夹持器抓取的时间能够满足系统的要求。磁性夹持器这方面的表现就非常抢眼，几乎在瞬间就可以让夹持力消失。另外，由于系统的损失，使用气压或者液压的夹持器速度就要稍微慢一些。

（5）成本。

最好的夹持器可能并不太经济。在进一步开展集成计划时，需要考虑夹持器的价格和可选的夹持器。价格还包括腕部和电缆的价格，这些附件的价格通常都是固定的，需要加到总成本里。

2. 末端执行器设计

根据抓取目标的形状大小等特征，确定完善的抓取方案，选择恰当的驱动方式，设计合理的手爪结构以满足工作需求。

（1）驱动及传动方式的选择。

驱动方式的选择通常受到作业环境的限制，同时还要考虑所选择的驱动方式是否能够达到工作要求，价格因素及控制的难易程度也是重要的参考标准。常用的驱动方式有 3 种类型：液压式驱动、气动式驱动和电气式驱动。

液压式驱动是将压力油转化为液压缸的推进运动或液压马达的旋转运动。这种驱动方式的优点是驱动功率大，定位精度高，低速性能好；缺点是成本较高，操作可靠性较差，维修保养复杂，易泄露。液压式驱动常用于需要大功率驱动、对移动性能要求不高的手爪中。

气动式驱动与液压式驱动的原理类似，其动力源为压缩空气。优点是结构简单，响应速度快，动力来源方便廉价，控制简单；缺点是速度不易控制，驱动力较小，噪音较大，精度低。气动式驱动常用于对精度要求不高的箱式搬运类手爪的结构中。

电气式驱动主要有直线电机驱动和步进电机驱动两种形式，不需要转换机构。直线电机驱动的特点是结构简单，行程长，速度快，但其成本高。步进电机驱动的特点是功率小，控制简单准确，抗干扰能力强。

（2）材料选择。

末端执行器的材料选择取决于工作条件以及设计和制作的要求，需要综合考虑机构的质量、刚度、阻尼等性能，以便提高末端执行器的执行能力。

选择轻质材料是减轻末端执行器质量的有效途径。由于其各部分承受的载荷不同，所以末端执行器的各部件不宜使用同一种材料。常用的材料有高强度钢、轻合金材料、纤维增强合金、陶瓷、纤维增强复合材料等。依据复合材料原理，末端执行器的各部分根据使用强度的要求选用不同的材料。手指连杆部分使用碳素钢以提高其强度，指尖部分为减轻质量使用轻质铝合金。多种材料的结合使用在减轻末端执行器质量的同时也保证了其工作的可靠性。

（3）结构设计。

应根据抓取工件的外形和工作要求，合理设计末端执行器的机械结构，使其更符合实际运用要求。

3.3.3 安全光幕选型

合理地选择安全光幕，既能够有效保护人员的人身安全，又能节约成本。安全光幕的选择一般需要考虑以下 5 个方面。

1. 选择使用环境

根据现场实际工作环境选择合适的安全光幕型号。目前安全光幕的型号有三大系列：经济适用型、普及型和高性能型。

经济适用型安全光幕结构紧凑，适用于空间狭小位置，以及振动不大、尘土较少的场合。普及型安全光幕适用于大多数场合，稍耐振动和耐尘。高性能型安全光幕适用于冲床、剪板机等振动较大、环境恶劣的工况，自带多种保护模式和自检模式。

2. 选择光轴间距

根据保护的物体来选择光轴间距。安全光幕的保护类型分 4 种：手指防护、手掌防护、手臂防护和人体防护，如图 3.18 所示。光轴间距与检测精度的关系见表 3.1。

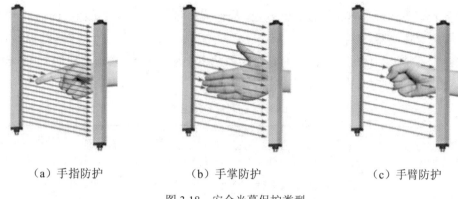

（a）手指防护　　　　　　　（b）手掌防护　　　　　　　（c）手臂防护

图 3.18　安全光幕保护类型

表 3.1　光轴间距与检测精度的关系

光轴间距	10 mm	20 mm	40 mm	80 mm
检测精度	ϕ15 mm	ϕ30 mm	ϕ50 mm	ϕ100 mm
保护类型	手指防护或直径不小于 15 mm 的物体	手掌防护或直径不小于 30 mm 的物体	手臂防护或直径不小于 50 mm 的物体	人体防护或直径不小于 100 mm 的物体

3. 选择光幕保护的高度和长度

要根据具体机器设备来确定光幕保护的高度和长度。要注意安全光幕的高度和安全光幕的保护高度的区别。

（1）安全光幕的高度：安全光幕外表的总高度。

（2）安全光幕的保护高度：光幕工作时的有效保护范围，即有效保护高度=光轴间距×（光轴总数-1）。

保护的长度即对射距离，是发光器到受光器之间的距离，要根据机器设备的实际情况来确定，从而选择更适合的光幕，如图 3.19 所示。在确定好对射距离后，还要考虑电缆线的长度。

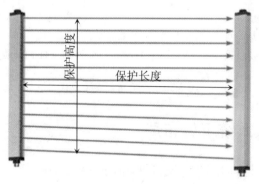

图 3.19　安全光幕保护的高度和保护的长度

4. 选择信号输出方式

安全光幕要选择正确的信号输出方式，有些光幕可能与机器设备输出的信号不匹配，这就需要配置控制器。

安全光幕常见的信号输出方式有：继电器输出、NPN/PNP 输出、双路 NPN 输出、双路 PNP 输出和控制器输出，见表 3.2。

表 3.2　安全光幕信号输出方式

输出方式	说　明
继电器输出	安全光幕内置小型继电器和一组常开常闭无源触点输出，可连接任意负载
NPN/PNP 输出	可根据实际需要选择 NPN 和 PNP 其中一路输出，可接 PLC、PC 或外挂继电器
双路 NPN 输出	可接两路负载 PLC、PC 或外挂继电器，或接安全继电器输出
双路 PNP 输出	可接两路负载 PLC、PC 或外挂继电器，或接安全继电器输出
控制器输出	控制器可提供安全光幕所需用的工作电源，通过控制器可直接驱动大容量负载

5. 选择安装方式

根据需要选择安装方式，如 L 形槽侧装方式、管装支架侧装方式等，如图 3.20 所示。

（a）L 形槽侧装方式　　　　　　　　（b）管装支架侧装方式

图 3.20　安全光幕安装方式

3.4　搬运机器人系统工位布局

搬运机器人系统常见的工位布局有 L 形布局、环状布局和一字布局等。

※ 搬运机器人系统工位布局

1. L 形布局

L 形布局将搬运机器人安装在龙门架上，使其行走在机床上方，可大限度节约地面资源，如图 3.21 所示。

2. 环状布局

环状布局又称"岛式加工单元"，以关节式搬运机器人为中心，机床围绕其周围形成环状，进行工件搬运加工，可提高生产效率，节约空间，适合小空间厂房作业，如图 3.22 所示。

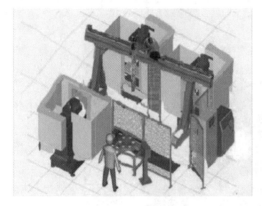

图 3.21　L 形布局

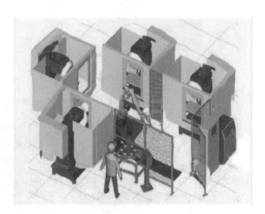

图 3.22　环状布局

3. 一字布局

直角桁架机器人通常要求设备成一字排列，对厂房高度、长度具有一定要求，工作运动方式为直线编程，很难能满足对放置位置等有特别要求的工件的上下料作业需要，如图 3.23 所示。

图 3.23　一字布局

3.5　搬运作业流程

对于工业机器人机床上下料搬运系统而言，机器人搬运的动作可分解为抓取工件、移动工件、放置工件等一系列子任务，还可以进一步分解为把吸盘等末端执行器移到工件上方、抓取工件等一系列动作。

工业机器人机床上下料搬运系统的示教编程本质上就是机器人搬运的一个具体应用，把工件由上料位置搬运到数控机床上，再把加工完成的工件从数控机床上拆卸下来，然后搬运到工件放料位置，如此循环往复，如图 3.24 所示。其作业流程如图 3.25 所示。

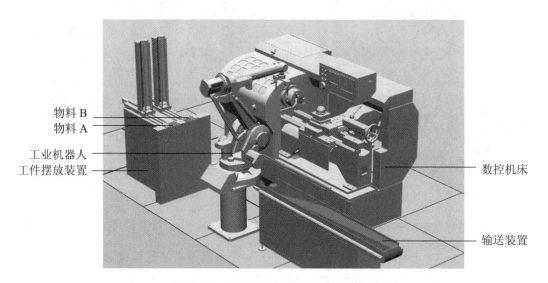

图 3.24　工业机器人机床上下料搬运系统

1. 示教前的准备

在进行机器人机床上下料搬运系统示教编程之前，要先做好准备工作：

（1）工件摆放装置准备就绪。

（2）确认操作者自身和机器人之间保持安全距离。

（3）机器人原点位置确认。

（4）根据物料的结构特点，选择合适的机床加工刀具。

（5）机床加工作业程序准备就绪。

2. 新建搬运作业程序

点按示教器的相关菜单或按钮，新建一个搬运作业程序。

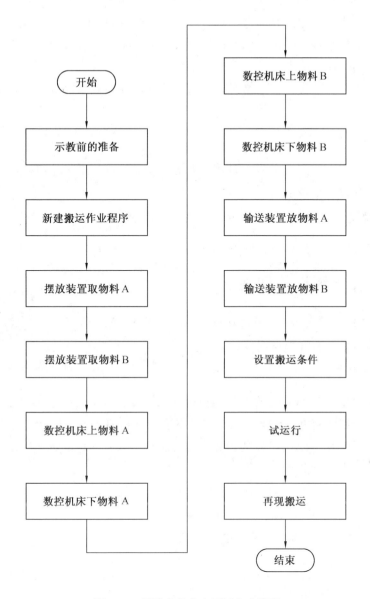

图 3.25 机器人机床上下料作业流程

3. 输入程序点

本例中的程序点包括机器人安全点、取和放物料 A、机床上下物料 A、取和放物料 B、机床上下物料 B。

在示教模式下，手动操纵机器人进行机床上下料程序点位的示教，并记录保存。且在示教过程中需要确保末端执行器与工件、工件摆放装置等互不干涉，搬运顺序无误。

4. 设置搬运条件

搬运机器人系统的作业程序相对简单，本例中主要涉及以下几个方面：

（1）在作业中设定搬运开始和结束时的规范，以及搬运的动作次序。

（2）依据实际情况，配置在搬运作业中需要用到的 I/O 信号及其他参数，尤其是机器人与机床之间的通信关系。

所有程序点示教完成和作业条件设定后，机器人会自动生成并记录相应的搬运运动程序。

5. 试运行

确认搬运机器人周围安全后，对整个搬运程序进行逐行试运行测试，以便检查各程序点位置及参数设置是否正确。

6. 再现搬运

确认程序无误后，将机器人调至自动模式，进行机床上下料的搬运作业。

3.6　搬运作业编程与调试

本章以 ABB 机器人为例，介绍图 3.24 所示工业机器人机床上下料搬运系统的编程与调试。

❋ 搬运作业编程与调试

1. 安全点程序

机器人安全点（即 Home 点）通常取机器人原点位置，是机器人搬运开始的安全位置点，同时也是搬运结束后机器人返回的最终位置。ABB 机器人 Home 点程序通常使用绝对位置运动指令 MoveAbsJ，因为该指令是使用机器人 6 个运动轴的轴角度值来定义目标位置的，机器人执行此指令过程中不受空间姿态影响，直接运行到各轴指定的目标角度位置。将机器人手动运行到合适的安全位置处，示教当前点位置，作为机器人 Home 点程序。Home 点位置如图 3.24 所示的机器人姿态。

示教完成的机器人 Home 程序如图 3.26 所示。

```
PROC Home()
    MoveAbsJ JointTarget_1,v500,fine,tool0\WObj:=wobj0;
ENDPROC
```

图 3.26　Home 程序

2. 给料装置取物料程序

给料装置取物料程序是典型的机器人搬运程序，它属于搬运程序中的取料程序。这类程序有一个共同的特点，就是可以使用较少的示教位置点实现复杂的机器人搬运程序，因为程序中大部分示教点可以被重复使用。最简捷的机器人取料程序，只需要示教两个机器人位置点即可实现，其中一个点用来调整机器人的工具姿态，另一个点是机器人的工件取料位置点。本例中机器人取物料 A 的程序，只需要示教 3 个位置点即可，如图 3.27 所示。

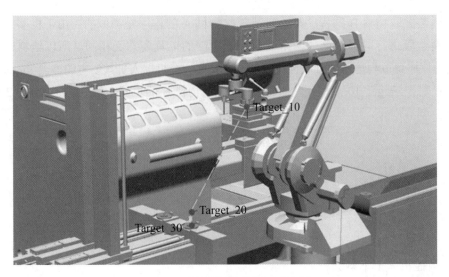

图 3.27　给料装置取物料 A 位置点

（1）Target_10 点是机器人工具姿态调整点，此时将机器人工具调整到与工件垂直的姿态。

（2）Target_30 点是机器人抓取工件作业点，在该点处机器人实现对工件的抓取。

（3）Target_20 点是工件抓取上方接近点，是机器人对工件抓取时的位置调整点。在该处机器人工具要完全对准工件的抓取位置，然后使用线性运动指令 MoveL，使机器人准确到达工件抓取位置处，同时机器人抓取完工件后的返程中，为了避免工件与周边设备发生干涉，因此同样需要准确地向上运行到抓取上方接近点处，然后再进行自由运动。

所以，工件抓取上方接近点重复使用了两次，示教编程过程中只需要复制粘贴即可，然后修改一下指令的运动类型。由于该点是 Target_30 点的垂直正上方位置点，因此可以使用位置偏移功能 Offs( )，直接对 Target_30 点在 Z 轴方向上偏移一个合适的距离，减少手动示教 Target_20 点位置，此时的机器人抓取工件程序也就变成了最简捷的两点机器人搬运程序。

示教编程过程中，将机器人工具的 TCP1 作为机器人从自动给料装置取物料的 TCP（工作中心点），而 TCP2 作为机器人从数控机床上取物料的 TCP，取物料 A 的机器人例行程序如图 3.28 所示。

```
PROC Pick_FA()
    MoveJ Target_10,v500,z100,TCP1\WObj:=wobj0;
    MoveJ Target_20,v500,z100,TCP1\WObj:=wobj0;
    MoveL Target_30,v500,fine,TCP1\WObj:=wobj0;
    MoveL Target_20,v500,z100,TCP1\WObj:=wobj0;
    MoveJ Target_10,v500,z100,TCP1\WObj:=wobj0;
ENDPROC
```

图 3.28　取物料 A 的机器人例行程序

给料装置取物料 B 的程序与给料装置取物料 A 的程序是类似的。由于机器人是对同一个给料装置进行取料，而这两个取料位置所需的工具姿态又相同，所以给料装置取物料 B 的程序中可以与给料装置取物料 A 的程序共用一个机器人工具姿态调整点 Target_10 点，示教时只需把 Target_10 点程序复制粘贴即可，取物料 B 的机器人例行程序如图 3.29 所示。

```
PROC Pick_FB()
    MoveJ Target_10,v500,z100,TCP1\WObj:=wobj0;
    MoveJ Target_40,v500,fine,TCP1\WObj:=wobj0;
    MoveL Target_50,v500,fine,TCP1\WObj:=wobj0;
    MoveL Target_40,v500,fine,TCP1\WObj:=wobj0;
    MoveJ Target_10,v500,z100,TCP1\WObj:=wobj0;
ENDPROC
```

图 3.29　取物料 B 的机器人例行程序

3. 数控机床上下料编程

数控机床上下料机器人程序与自动给料装置取物料程序、输送装置放物料程序不同。机器人从自动给料装置上取来待加工工件，如果工作站刚启动运行，那么此时数控机床上并没有加工完成的工件，所以此时机器人直接将取来的工件安装到数控机床上即可；但是如果工作站并不是刚启动运行，那么此时的数控机床上必定有加工工件，机器人在安装新的待加工工件之前，需要先把加工完成的工件取下来，然后再进行安装。这也就是机器人工具上有两个工作位置的原因。

示教数控机床上下料机器人程序时，暂时不用考虑第一次启动运行的情况，直接按照正常运行的情况进行示教。之前已经规定了机器人工具的 TCP1 作为机器人从自动给料装置取物料的 TCP，TCP2 作为机器人从数控机床上取物料的 TCP。正常情况下需要先从数控机床上取下加工完成的工件，因此这里首先使用机器人 TCP2 进行示教编程，机床上下料位置点，如图 3.30 所示。

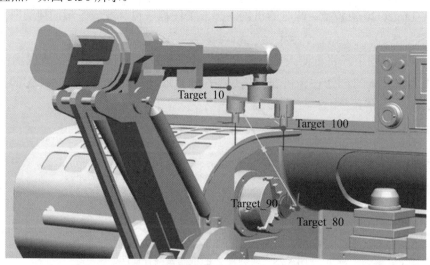

图 3.30　机床上下料位置点

（1）选择合适位置点 Target_100 点进行示教，作为机器人机床上下料起始位置点。

（2）Target_110 点～Target_130 点与自动给料装置抓取工件程序类似，Target_110 点是机器人工具姿态调整点。由于机床上的工件是垂直状态安装的，在 Target_110 点位置处，机器人工具旋转 90°之后才能实现抓取与拆除工作。Target_130 点是机器人在数控机床上抓取已加工完成工件的位置点，Target_120 点是抓取位置上方接近点。

（3）Target_80 点、Target_90 点是机器人放置待加工工件程序点，Target_90 点是机器人在数控机床上安装工件的位置点，Target_80 点是安装工件上方位置点。同时，Target_80 点位置与 Target_120 点位置相同，Target_90 点位置与 Target_130 点位置相同，不同的是 Target_80 点、Target_90 点使用的是机器人工具的 TCP1。机器人由 Target_120 点向 Target_80 点运行过程中实现工具工作位置的切换，即由 TCP2 转换为 TCP1，以实现由抓取工件转换为放置工件。

完整的机器人机床上下料例行程序如图 3.31 所示。

```
PROC Machine_Pick_Drop()
    MoveJ Target_100,v500,fine,TCP2\WObj:=wobj0;
    MoveJ Target_110,v500,fine,TCP2\WObj:=wobj0;
    MoveL Target_120,v500,fine,TCP2\WObj:=wobj0;
    MoveL Target_130,v500,fine,TCP2\WObj:=wobj0;
    MoveL Target_120,v500,fine,TCP2\WObj:=wobj0;
    MoveL Target_80,v500,fine,TCP1\WObj:=wobj0;
    MoveL Target_90,v500,fine,TCP1\WObj:=wobj0;
    MoveL Target_80,v500,fine,TCP1\WObj:=wobj0;
    MoveJ Target_110,v500,fine,TCP2\WObj:=wobj0;
    MoveJ Target_100,v500,fine,TCP2\WObj:=wobj0;
ENDPROC
```

图 3.31　机床上下料例行程序

4. 输送装置放物料程序

输送装置放物料程序的示教编程思路与机器人自动给料装置取物料程序类似，同样可以用 3 个机器人位置点完成示教编程，如图 3.32 中的 Target_140 点、Target_150 点、Target_160 点所示，只是前者的目的是抓取工件，而后者的目的是放置工件，不再赘述。

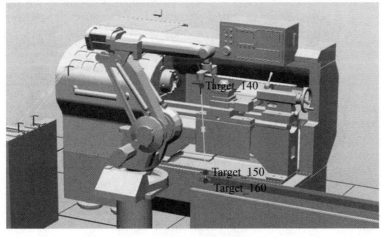

图 3.32　输送装置放物放料位置点

机器人输送装置放物料例行程序如图 3.33 所示。

```
PROC Conveyor_Drop()
    MoveJ Target_140,v500,fine,TCP2\WObj:=wobj0;
    MoveJ Target_150,v500,fine,TCP2\WObj:=wobj0;
    MoveL Target_160,v500,fine,TCP2\WObj:=wobj0;
    MoveL Target_150,v500,fine,TCP2\WObj:=wobj0;
    MoveJ Target_140,v500,fine,TCP2\WObj:=wobj0;
ENDPROC
```

图 3.33　输送装置放料例行程序

5. 运行调试

运行调试时除以上程序外还要有 Main 主程序，用来编写机器人运行控制逻辑，同时还有机器人抓取与放置工件的信号控制指令。机器人机床上下料搬运系统的运行效果如图 3.34 所示。

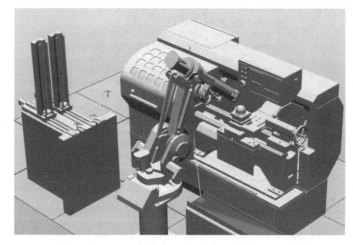

（a）数控机床下料 A

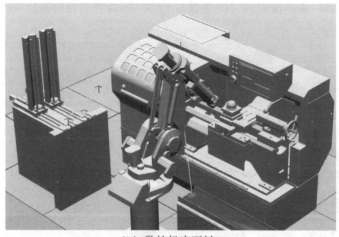

（b）数控机床下料 B

图 3.34　机器人机床上下料搬运系统的运行效果

通过机床上下料程序的示教，可以看出机器人搬运类程序的共同特点是：以机器人工作位置点（抓取点、放置点）为中心，工作点前后的程序点完全对称。示教编程时可以充分利用这一大特点，简化程序数量，降低示教编程工作量，提高编程效率。

 思考题

1. 从结构形式上看，搬运机器人可分为哪几类？
2. 夹钳式夹持器常见手指前端形状分几种？
3. 按照工艺用途分类，数控机床可分为哪几类？
4. 机器人系统安全防护装置的作用是什么？
5. 安全光幕一般分为哪几种类型？
6. 对射式安全光幕主要由哪些部分组成？
7. 简述对射式安全光幕的工作原理。
8. 简述机床上下料搬运机器人选型的原则。
9. 搬运机器人末端执行器选型考虑哪些方面？
10. 安全光幕选型考虑哪些方面？
11. 安全光幕的保护类型分哪几种？
12. 安全光幕常见的信号输出方式有哪几种？
13. 搬运机器人系统常见的工位布局有哪几种？

第4章　装配机器人技术与应用

随着社会高新技术的不断发展，影响生产制造的瓶颈日益凸显，为解放生产力、提高生产率、解决"用工荒"等问题，各大生产制造企业为更好地谋求发展而绞尽脑汁。装配机器人的出现，可大幅度提高生产效率，保证装配精度，减轻劳动者生产强度，但机器人装配技术目前仍有一些亟待解决的问题，如难以完成变动环境中的复杂装配等。尽管装配机器人存在一定局限，但是其对装配所具有的重要意义不可忽视，装配领域成为机器人的难点，也成为未来机器人技术发展的焦点之一。

4.1　机器人装配应用概述

从市场销量来看，2014—2020 年我国装配机器人销量整体呈增长趋势，截至 2020 年销量达 4.63 万台，同比增长 59.1%，如图 4.1 所示。从销售单价走势来看，随着装配机器人的规模化生产，我国装配机器人销售单价呈下降趋势，据统计，截至 2020 年我国装配机器人销售单价为 37 977 元/台，未来随着装配机器人国产替代的加速，销售单价有望进一步下降。

❋　机器人装配应用概述

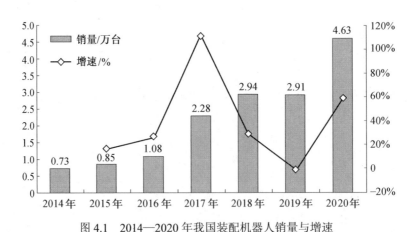

图 4.1　2014—2020 年我国装配机器人销量与增速

从我国装配机器人销售应用领域来看，据统计，2020 年电子、锂电与光伏领域是装配机器人主要应用领域，销量分别占比 60%、15% 与 9%，其他领域销量占比 16%。

装配机器人系统广泛应用于各种电器制造、汽车及其零部件生产与装配、机电产品及其组件的装配等领域，以及计算机、医疗、食品、太阳能、玩具等行业，如图 4.2 所示。

（a）3C 行业　　　　　　　　　　　（b）汽车行业

图 4.2　装配机器人应用

4.2　装配机器人系统组成

装配机器人系统由 3 部分组成：装配机器人、末端执行器和周边配套设备。以 3C 行业装配应用为例，其系统组成如图 4.3 所示，周边配套设备主要包括机器视觉系统、传感系统、零件供给器、输送装置等。

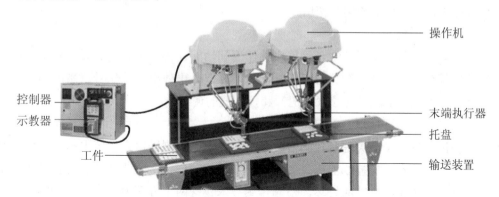

图 4.3　3C 行业装配机器人系统组成

4.2.1　装配机器人

装配机器人是指工业自动化生产中用于装配生产线上对零件或部件进行装配的一类工业机器人，是柔性自动化装配系统的核心设备。

1. 装配机器人特点

装配机器人的主要特点有：

（1）精度高，具有极高的重复定位精度，可确保装配精度符合生产要求。

（2）柔顺性好，可根据工艺需要配置不同的末端执行器，以满足生产线多批次、小批量的多样生产要求。

（3）动作迅速，加速性能好，可大大缩短工作循环周期。

（4）占地面积小，能与其他系统配套使用。

（5）可靠性好，作业稳定。

装配机器人按照结构运动形式可分为 3 大类：直角坐标式装配机器人、关节式装配机器人和并联式装配机器人。其中，关节式装配机器人又分水平关节式装配机器人和垂直关节式装配机器人，此部分内容可参考搬运机器人分类，不再赘述。

与其他工业机器人相比，装配机器人的精度要求较高，原因在于：搬运、码垛机器人等在移动物料时，其运动轨迹多为开放性，而装配机器人是一种约束运动类操作；机器人在进行焊接、喷涂等作业时，并没有与作业对象直接接触，仅进行运动轨迹示教，而装配机器人需要与作业对象直接接触，并进行相应动作。

2. 装配机器人关键技术

装配机器人关键技术包括 6 个方面，具体如下。

（1）精确定位。

装配机器人运动系统的定位精度由机械系统静态运动精度（几何误差、热和载荷变形误差）和机电系统高频响应的动态特性所决定。其中，静态精度取决于设备的制造精度和机械运动形式；动态响应取决于外部跟踪信号、系统固有的开环动态特性、所采用的减振方法和控制器的调节作用。

（2）实时控制。

在许多微机应用领域中，计算机的速度和功能往往不能满足需要。特别是在多任务工作环境下，各任务只能分时工作，动态响应取决于外部跟踪信号、系统固有的开环动态特性、所采用的减振方法（阻尼）和控制器的调节作用。

（3）检测传感技术。

检测传感技术的关键是传感器技术，主要用于检测机器人系统中自身与作业对象、作业环境的状态，向控制器提供信息以决定系统动作。传感器精度、灵敏度和可靠性很大程度决定了系统性能的好坏。检测传感技术包含两个方面内容：一是传感器本身的研究和应用，二是检测装置的研究与开发。其包括：多维力觉传感器技术、视觉技术、多路传感器信息融合技术、检测传感装置的集成化与智能化技术等。

（4）控制器的研制。

装配机器人的伺服控制模块是整个系统的基础，它的特点是实现了机器人操作空间力和位置混合伺服控制，实现了高精度的位置控制、静态力控制，并且具有良好的动态力控制性能。伺服模块之上的局部自由控制模块相对独立于监督控制模块，它能完成精密的插圆孔、方孔等较为复杂的装配作业。监督控制模块是整个系统的核心和灵魂，它包括了系统作业的安全机制、人工干预机制和遥控机制。多任务控制器可广泛应用于工业装配机器人中作为其实时任务控制器而使用，也可用作移动机器人的实时任务控制器。

（5）图形仿真技术。

对于复杂装配作业，示教编程方法的效率往往不高，如果能直接把机器人控制器与 CAD 系统相连接，则能利用数据库中与装配作业有关的信息对机器人进行离线编程，使机器人在结构环境下的编程具有很大的灵活性。另外，如果将机器人控制器与图形仿真系统相连，则可离线对机器人装配作业进行动画仿真，从而验证装配程序的正确性、可执行性及合理性，为机器人作业编程和调试带来直观的视觉效果，为用户提供灵活友好的操作界面，具有良好的人机交互性。

（6）柔顺手腕的研制。

通常而言，通用机器人均可用于装配操作，利用机器人固有的结构柔性，可以对装配操作中的运动误差进行修正。通过对影响机器人刚度的各种变量进行分析，并通过调整机器人本身的结构参数来获得期望的机器人末端刚度，以满足装配操作对机器人柔顺性的要求。但在装配机器人中采用柔性操作手爪则能更好地取得装配操作所需的柔顺性。由于装配操作对机器人精度、速度和柔顺性等性能要求较高，所以有必要设计专门用于装配作业的柔顺手腕。

4.2.2　末端执行器

装配机器人系统的末端执行器通常为夹持器，常见的有夹钳式夹持器、专用式夹持器等。

1. 夹钳式夹持器

夹钳式夹持器是机器人装配过程中最常用的一种末端执行器，多采用气动或伺服电机驱动，闭环控制配备传感器可实现准确控制手指起动、停止、转速并对外部信号做出准确反应。装配机器人的夹钳式夹持器具有质量轻、出力大、速度高、惯性小、灵敏度强、转动平滑、力矩稳定等特点，其结构类似于机器人搬运作业的夹钳式夹持器，但又比搬运作业的夹持器精度高、柔顺性好，如图 4.4 所示。

2. 专用式夹持器

专用式夹持器是在机器人装配作业中针对某一类装配场合而单独设定的末端执行器，且部分带有磁力，常用于螺钉、螺栓的装配，多采用气动或伺服电机驱动。图 4.5 所示的专用式夹持器是一种自动螺丝拧紧单元，采用伺服驱动，含动态非接触式扭矩传感器。

图 4.4　夹钳式夹持器

图 4.5　专用式夹持器

4.2.3　周边配套设备

装配机器人系统的周边配套设备包括机器视觉系统、传感系统、零件供给器、输送装置等，用以辅助装配机器人系统完成整个装配作业。

1. 机器视觉系统

（1）视觉系统基本组成。

机器视觉就是用机器代替人眼来进行测量和判断。机器人视觉系统在作业时，工业相机首先获取到工件当前的位置状态信息，并传输给视觉系统进行分析处理，并和工业机器人进行通信，实现工件坐标系与工业机器人的坐标系的转换，调整工业机器人至最佳位置姿态，最后引导工业机器人完成作业。

一个完整的工业机器人视觉系统是由众多功能模块共同组成的，所有功能模块相辅相成，缺一不可。基于计算机的工业机器人视觉系统具体由相机与镜头、光源、传感器、图像采集卡、图像处理软件、机器人控制单元、工业机器人等外部设备组成，如图 4.6 所示。

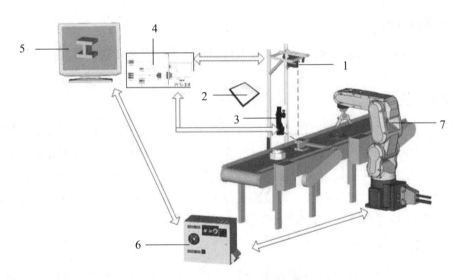

图 4.6　典型工业机器人视觉系统组成

1—相机与镜头；2—光源；3—传感器；4—图像采集卡；5—图像处理软件；
6—机器人控制单元；7—工业机器人

①相机与镜头。这部分属于成像器件，如图 4.7（a）和图 4.7（b）所示，通常视觉系统都是由一套或者多套这样的成像系统组成，如果有多路相机，可能由图像卡切换来获取图像数据，也可能由同步控制同时获取多相机通道的数据。

②光源。光源为辅助成像器件，如图 4.7（c）所示，对成像质量的好坏往往能起到至关重要的作用，各种形状的 LED 灯、高频荧光灯、光纤卤素灯等类型的光源都可能会用到。

③传感器。通常以光纤开关、接近开关等的形式出现，用以判断被测对象的位置和状态，使图像传感器进行正确的采集。

④图像采集卡。通常以插入卡的形式安装在计算机中，图像采集卡的主要工作是把相机输出的图像输送给电脑主机，如图 4.7（d）所示。它将来自相机的模拟或数字信号转换成一定格式的图像数据流，同时它可以控制相机的一些参数，比如触发信号、曝光时间、快门速度等。图像采集卡通常有不同的硬件结构以针对不同类型的相机，同时也有不同的总线形式，比如 PCI、PC104、PCI64.Compact PCI、ISA 等。

　　（a）相机　　　　　　（b）镜头　　　　　（c）光源　　　　（d）图像采集卡

图 4.7　机器视觉系统各部分

⑤图像处理软件。机器视觉软件用来完成输入的图像数据的处理，然后通过一定的运算得出结果，这个输出的结果可能是 PASS/FAIL 信号、坐标位置、字符串等。常见的机器视觉软件以 C/C++图像库、ActiveX 控件、图形式编程环境等形式出现，可以是专用功能的（比如仅仅用于 LCD 检测、BGA 检测、模板对准等），也可以是通用目的的（包括定位、测量、条码/字符识别、斑点检测等）。通常情况，智能相机集成了上述④、⑤部分的功能。

⑥机器人控制单元（包含 I/O、运动控制、电平转化单元等）。一旦视觉软件完成图像分析（除非仅用于监控），紧接着需要和外部单元进行通信以完成对生产过程的控制。简单的控制可以直接利用部分图像采集卡自带的 I/O，相对复杂的逻辑/运动控制则必须依靠附加可编程逻辑控制单元/运动控制卡来控制机器人等设备实现必要的动作。

⑦工业机器人等外部设备。工业机器人作为视觉系统的主要执行单元，根据控制单元的指令及处理结果，完成对工件的定位、检测、识别、测量等操作。

（2）视觉系统工作过程。

机器视觉系统是指通过机器视觉装置将被检测目标转换成图像信号，传送给专用的图像处理系统，根据像素分布和亮度、颜色等信息，转变成数字化信号；图像处理系统对这些数字化信号进行各种运算来抽取目标的特征，如面积、数量、位置、长度、颜色等，再根据预设的允许度和其他条件输出结果，包括尺寸、角度、个数、是否合格、外观、条码特征等，进而控制现场设备的作业。

　　机器视觉系统的工作流程如图4.8所示。首先连接相机，确保相机已连接成功，触发相机拍照，将拍好的图像反馈给图像处理单元，图像处理单元对捕捉到的像素进行分析运算来提取目标特征，识别到被检测的物体，输出判别结果，对物体进行数据分析，输出判别结果，进而引导机器人对物体进行定位抓取，输出判别结果，反复循环此工作过程。

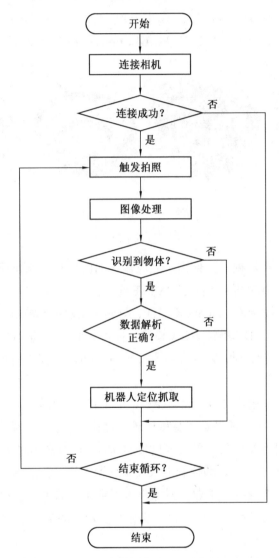

图4.8　机器视觉系统工作流程图

（3）相机安装。

　　在工业应用中，工业机器人视觉系统简称手眼系统（Hand-Eye System），根据机器人与相机之间的相对位置关系可以将机器人本体手眼系统分为两种：Eye-in-Hand（EIH）系统和Eye-to-Hand（ETH）系统。

①Eye-in-Hand 系统。相机安装在工业机器人本体末端，并跟随本体一起运动的视觉系统，如图 4.9（a）所示。

②Eye-to-Hand 系统。相机安装在工业机器人本体之外的任意固定位置，在机器人工作过程中不随机器人一起运动，该系统是利用相机捕获的视觉信息来引导机器人本体动作，如图 4.9（b）所示。

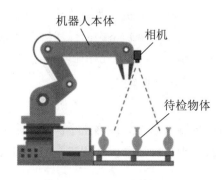 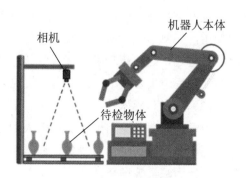

（a）Eye-in-Hand 系统　　　　　　　　　　（b）Eye-to-Hand 系统

图 4.9　机器人视觉系统安装方式

这两种视觉系统根据自身特点有着不同的应用领域。Eye-to-Hand 系统能在小范围内实时调整机器人姿态，手眼关系求解简单；Eye-in-Hand 方式的优点是摄像机的视场随着机器人的运动而发生变化，增加了它的工作范围，但其标定过程比较复杂。

2. 传感系统

带有传感系统的装配机器人可更好地完成销、轴、螺钉、螺栓等柔性化装配作业，除了视觉系统外，在其作业中常用的还有触觉传感系统。

装配机器人的触觉传感系统主要是通过触觉传感器与被识别物体相接触或相互作用，实现对物体表面特征和物理性能的感知，从而实时检测机器人与被装配物件之间的配合。在装配机器人进行简单工作过程中常用到的有接触觉传感器、接近觉传感器和力觉传感器等触觉传感器，如图 4.10 所示。

（a）接触觉传感器　　　　（b）接近觉传感器　　　　（c）力觉传感器

图 4.10　装配机器人系统常见触觉传感器

（1）接触觉传感器。

接触觉传感器一般固定在末端执行器的顶端，只有末端执行器与被装配物件相互接触时才起作用，可用于探测物体位置、路径和安全保护，还可以感知手指与物体间的作用力，确保手指动作力度适当。接触觉传感器的用途不同，其配置也不同，属于分散装置，即需要将传感器单个安装到末端执行器的敏感部位。

（2）接近觉传感器。

接近觉传感器同样固定在末端执行器的顶端，其在末端执行器与被装配物件接触前起作用，能测出执行器与被装配物件之间的距离、相对角度甚至表面性质等。传感器距离物体越近，定位越精确。接近觉传感器属于非接触性传感器，可用以感知对象位置，在装配过程中主要用于防止冲击，实现抓取物体时的柔性接触。

（3）力觉传感器。

力觉传感器普遍用于各类机器人中，在装配机器人中力觉传感器不仅用于末端执行器与环境作用过程中的力测量，而且用于装配机器人自身运动控制和末端执行器夹持物体的夹持力测量等场合。

按照安装位置不同，力觉传感器可分为关节力传感器、腕力传感器和指力传感器。

①关节力传感器，即安装在机器人关节驱动器上的力觉传感器，主要测量驱动器本身的输出力和力矩。关节力传感器测量关节受力，信息量单一，结构也相对简单。

②腕力传感器，即安装在末端执行器和机器人最后一个关节间的力觉传感器，主要测量作用在末端执行器各个方向上的力和力矩。腕力传感器是一种相对比较复杂的传感器，能获得手爪三个方向的受力，信息量较多，安装部位特别，故容易产业化。

③指力传感器，即安装在手爪指关节上的传感器，主要测量夹持物件的受力状况。其测量范围相对较窄，也受到手爪尺寸和质量的限制。

3. 零件供给器

为了确保装配作业正常进行，有时需要零件供给器提供机器人装配作业所需要的零部件。在目前生产应用中，使用较多的零件供给器是给料器和托盘。

（1）给料器。

给料器常用于小型装配零件给料，用回转或振动机构将其排列整齐，并逐个输送到指定位置，如图4.11所示。

（2）托盘。

装配完成后，大零件或易损坏划伤零件通常需要放入托盘中进行输送，如图4.12所示。托盘可以按一定精度要求将零件输送至指定位置。在实际生产装配中，为了满足生产需求，往往带有托盘自动更换机构，以避免托盘容量的不足。

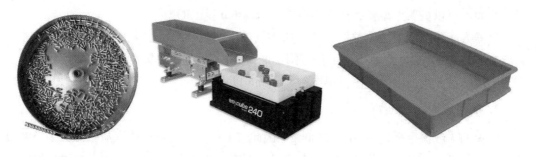

图 4.11　给料器　　　　　　　　　　　图 4.12　托盘

59

4. 输送装置

在机器人装配生产线上，输送装置将工件输送到各作业点，通常以输送带为主，零件随输送带一起运动，借助传感器或限位开关实现输送带和托盘同步运行，如图 4.13 所示，方便装配。

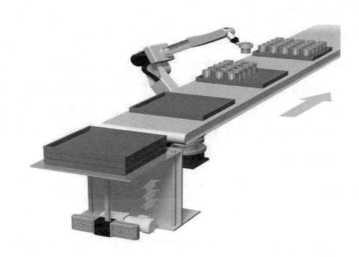

图 4.13　输送装置

4.3　装配机器人系统选型

4.3.1　装配机器人选型

自动装配机器人工作站所用的机器人需要具备快速、灵活、精度高等特点。以无线鼠标的自动装配生产线为例，简要介绍选择机器人型号和数量的依据和方法。

※ 装配机器人系统选型

1. 根据工作范围选型

根据常见的无线鼠标的大小，可以推算出自动装配机器人工作站所需的料盘尺寸大致为 400 mm×300 mm，电池和 USB 接收器的料盘略小，考虑到要给机器人安装留有一定的空间，所以机器人需要选择工作范围在 500 mm 以上的型号。

机器人工作范围变大，整个工作站所占用的空间也要随之增大，并且机器人的加工精度会下降，所以装配机器人的工作范围不能太大。8 只无线鼠标在同一工件摆放装置上即可实现，因此机器人的工作范围选在 800 mm 以内。

2. 根据载重能力选型

常见的无线鼠标质量为 300～400 g，因此装配机器人应能够拾取质量最大为 500 g 的物品。机器人需要安装用于拾取鼠标各零件的末端执行器，初步确定末端执行器的最大设计质量为 2 kg，所以本工作站机器人的承载能力应该在 2.5 kg 以上。

3. 机器人数量的选型

机器人的数量取决于工作站的需求，在实际使用过程中，机器人的数量需要结合成本与装配速度一同考虑。装配速度一般用节拍来描述，节拍是指机器人完成一套零件装配所花费的时间。显然，当机器人数量增多后，其节拍会相应变快，购买机器人的成本也会增加，需要进行权衡。

4. 机器人速度的选型

机器人的速度往往决定它的应用效率，一般机器人厂商会把机器人每个轴的最大速度标出来，随着伺服电机、运动控制及通信技术的发展，机器人的允许运行速度在不断提高。一般情况下，负载在机器人的要求范围内，机器人在工作空间范围内均能达到最大运动速度。用户可以根据速度数据评估机器人是否满足应用场合对节拍的要求。

4.3.2　机器视觉系统选型

在机器视觉系统的选型中，需要先对相机进行选型，然后选择镜头，最后选择光源。

1. 相机的选型

工业相机是机器视觉系统中的一个关键组件，选择合适的相机也是机器视觉系统设计中的重要环节，相机的选择不仅直接决定所采集到的图像分辨率、图像质量等，还与整个系统的运行模式直接相关。相机的选择需考虑如下几个因素：

（1）选择工业相机的信号类型。

根据信号类型的不同，工业相机可分为两种类型：模拟相机和数字相机。

①模拟相机。模拟相机必须有图像采集卡，标准的模拟相机分辨率很低，一般为 768×576 像素，且帧率也是固定的（25 帧/s）。模拟相机采集到的是模拟信号，经数字采集卡转换为数字信号进行传输、存储。模拟信号可能会由于工厂内其他设备（如电动机或高压电缆）的电磁噪声干扰而造成失真，随着噪声水平的提高，模拟相机的动态范围（原始信号与噪声之比）会降低，动态范围决定了有多少信息能够从相机传输给计算机。

②数字相机。数字相机采集到的是数字信号，数字信号不受电磁噪声影响，因此，数字相机的动态范围更高，能够向计算机传输更精确的信号。

（2）确定工业相机的分辨率。

根据系统的需求来选择相机的分辨率，下面以一个应用案例来分析。

应用案例：假设检测一个物体的表面划痕，要求拍摄的物体大小为 10 mm×8 mm，要求的检测精度是 0.01 mm。首先假设要拍摄的视野范围为 12 mm×10 mm，那么应该选择的相机其最低分辨率：（12/0.01）×（10/0.01）＝1 200×1 000，约为 120 万像素，即如果一像素对应一个检测缺陷，最低分辨率必须不小于 120 万像素，而常见的相机是 130 万像素，因此一般选用 130 万像素的相机。

（3）选择工业相机的芯片。

工业相机根据芯片的不同分为两种类型：CCD（Charge Coupled Device）和 CMOS（Complementary Metal Oxide Semiconductor）。

如果要求拍摄的物体是运动的，要处理的对象也是实时运动的，则选择 CCD 芯片的相机更为合适。但厂商生产的 CMOS 相机如果采用帧曝光的方式，也可以当作 CCD 来使用。如果被拍摄的物体运动的速度很慢，在设定的相机曝光时间范围内，物体运动的距离很小，换算成像素大小为 1～2 像素，那么选择 CMOS 相机也是合适的，因为在曝光时间内，1～2 像素的偏差人眼根本看不出来（如果不是用于测量的话），但超过 2 像素的偏差，物体拍出来的图像就有拖影，这样就不能选择 CMOS 相机了。

（4）选择工业相机的颜色。

如果要处理的信息与图像颜色有关，则采用彩色相机，否则建议选用黑白相机，因为同样分辨率的相机，黑白相机的精度比彩色的高，尤其是在看图像边缘时，黑白的效果更好。而且，在进行图像处理时，黑白工业相机得到的是灰度信息，可直接处理。

（5）选择工业相机的帧率。

根据要检测的速度选择相机的帧率时，相机帧率一定要大于等于检测速度。其中，相机帧率等于检测速度的情况，要求图像的处理在相机的曝光和传输的时间内完成。一般情况下，分辨率越高，帧率越低。

（6）选择线阵还是面阵的工业相机。

一般只在两种情况下使用线阵工业相机：一是被测视野为细长的带状，多用于滚筒上检测的问题，实现对运动物体的连续监测；二是需要极大的视野或极高的精度。线阵型工业相机价格昂贵，只用在极特殊情况下的工业、医疗、科研与安全领域的图像处理。

对于静止检测或一般低速的检测，优先考虑使用面阵相机，面阵传感器芯片及相机如图 4.14 所示；对于大幅面高速运动或者滚轴等运动的特殊应用考虑使用线阵相机，线阵传感器芯片及相机如图 4.15 所示。

61

图 4.14　面阵传感器芯片及相机

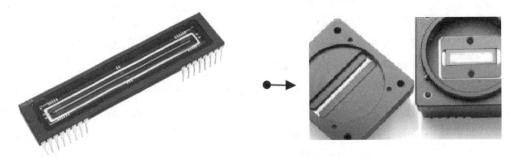

图 4.15　线阵传感器芯片及相机

（7）选择工业相机的传输接口。

根据传输的距离、传输的数据大小（带宽）选择 USB、IEEE1394、Cameralink、GigE 等类型接口的相机，如图 4.16 所示。

（a）USB

（b）IEEE1394

（c）Cameralink

（d）GigE

图 4.16　工业相机数据接口

①USB。

USB 即 Universal Serial Bus，中文名称为通用串行总线。USB 接口较多地用在商业、娱乐上，例如 USB 摄像头。USB 工业相机型号也比较少，在工业中的使用程度不高。但正是因为 USB 摄像头价格低廉，所以通常把 USB 摄像头作为机器视觉学习的入门硬件平台。

②IEEE1394。

IEEE1394 接口为苹果公司开发的串行接口标准，又称 Firewire 接口。在工业领域中应用非常广泛，常用的是 400 Mbit/s 的 1394A 接口和 800 Mbit/s 的 1394B 接口。其协议、编码方式很好，传输速度也比较稳定，且 IEEE1394 接口，特别是 1394B 接口，都有坚固的螺丝。此外，IEEE1394 接口虽然占用 CPU 资源少，可多台同时使用，但由于该接口的普及率不高，需要额外的采集卡。

③Cameralink。

Cameralink 接口的传输速度是目前工业相机中最快的一种总线类型，一般用于高分辨率高速面阵相机，或者是线阵相机。但 Cameralink 接口需要额外购买图像采集卡，且成本较高。此外，Cameralink 接口也适合近距离传输。

④GigE。

GigE（即千兆以太网）是建立在以太网标准基础之上的技术，并利用了原以太网标准所规定的全部技术规范。作为以太网的一个组成部分，GigE 也支持流量管理技术，以保证在以太网上的服务质量。GigE 接口的工业相机，协议稳定，是近几年市场应用的重点，使用方便，连接到吉比特网卡上即能正常工作。

目前光纤信道技术的数据运行速率为 1.065 3 Gbit/s，使数据速率达到完整的 1 000 Mbit/s，传输距离为 100 m。可多台同时使用，CPU 占用率小。

（8）选择工业相机的靶面尺寸。

靶面尺寸的大小会影响到镜头焦距的长短，在相同视角下，靶面尺寸越大，焦距越长。在选择相机时，特别是对拍摄角度有比较严格的要求时，靶面的大小以及与镜头的配合情况都将直接影响视场角的大小和图像的清晰度。因此，要结合镜头的焦距、视场角来选择靶面尺寸；一般而言，选择靶面时要结合物理安装的空间来决定镜头的工作距离是否在安装空间范围内，要求镜头的尺寸一定要大于等于相机的靶面尺寸。

（9）工业相机的价格和品牌。

在参数相同的情况下，不同品牌的相机价格会各不相同，可考察对比不同品牌参数相同的相机，选用效果、价格综合最优的相机。

2. 镜头的选型

在整个机器视觉系统中，机器视觉镜头是图像采集部分的重要成像部件，其主要作用是将目标成像在图像传感器的光敏面上。镜头的质量直接影响到机器视觉系统的整体性能，因此机器视觉镜头选型的正确与否至关重要。在搭建机器视觉系统过程中，镜头的选型建议按以下步骤着手：

（1）计算镜头的焦距。

镜头成像原理如图 4.17 所示。镜头的焦距主要对视场、工作距离有较大影响。在确定机器视觉镜头焦距之前必须先确定视场、工作距离、相机芯片尺寸等因素。

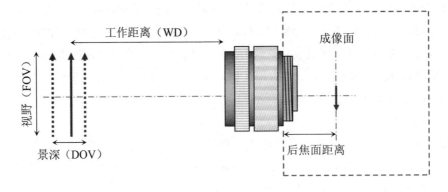

图 4.17　镜头成像原理

首先获得物体至镜头的距离（工作距离）WD，如果是一个范围，取中间值，然后计算图像放大倍数 PMAG，即

$$\text{PMAG} = \frac{\dfrac{\text{图像传感器的长}}{\text{宽}}}{\dfrac{\text{视野的长}}{\text{宽}}}$$

接着利用公式计算所需的焦距 f，即

$$f = \text{WD} \cdot \frac{\text{PMAG}}{(1+\text{PMAG})}$$

然后选取与计算值最接近的标准镜头产品，并取其焦距值。用上述步骤计算所得出的焦距为满足要求所需的最大焦距，由于在选择镜头时，通常需选择比被测物体视野稍大一点的镜头，以有利于运动控制，因此根据标准镜头焦距的规格，选择不大于理论焦距的镜头。

最后根据所选镜头焦距重新核算镜头到物体的距离 WD，即

$$\text{WD} = f \cdot \frac{1+\text{PMAG}}{\text{PMAG}}$$

例如：物体至镜头的距离在 10～30 cm 范围内，取 WD=20 cm。设视场高度为 7 cm，传感器成像面高度为 7.7 mm，则镜头放大倍数为

$$\text{PMAG} = \frac{7.7}{70} = 0.11 \ (\text{mm})$$

计算所需镜头焦距：

$$f = 200 \times \frac{0.11}{1 + 0.11} \approx 19.82 \ (\text{mm})$$

标准镜头焦距有：6 mm、8 mm、12 mm、16 mm、25 mm、35 mm、50 mm 和 75 mm。其中 16 mm 镜头的焦距最接近计算值，使用该值重新计算 WD，即

$$\text{WD} = 16 \times \frac{1 + 0.11}{0.11} \approx 16.1 \ (\text{mm})$$

在机器视觉实际项目应用中，对于精度要求不高的场合，工业镜头焦距也可按照以下公式进行估算，即

$$f = \text{WD} \times \frac{\dfrac{\text{图像传感器的长}}{\text{宽}}}{\dfrac{\text{视野的长}}{\text{宽}}}$$

（2）选择镜头支持的 CCD 尺寸。

每种机器视觉镜头都只能兼容芯片不超过一定尺寸的相机，因此选择机器视觉镜头时一定要先确定工业相机的芯片尺寸。为了保证整幅图像的质量，选择镜头支持的 CCD 尺寸要大于等于相机 CCD 传感器芯片的尺寸，否则会引起严重的畸变和相差，例如 2/3 英寸（1 英寸（in）≈0.025 m）的镜头支持最大的工业相机靶面为 2/3 英寸，它是不能支持 1 英寸以上的工业相机的。

（3）选择镜头光圈。

镜头光圈的大小决定图像的亮度，对图像的采集效果起着十分重要的作用。一般来说，光圈选择应符合下列原则：

①对于光线变化不明显的环境，常选用手动光圈镜头，将光圈调到一个比较理想的数值后就可不动了。

②如果光线变化较大，如室外 24 h 监看，应选用自动光圈，能够根据光线的明暗变化自动调节光圈值的大小，保证图像质量。

③在拍摄高速运动物体、曝光时间很短的应用中，应该选用大光圈镜头，以提高图像亮度。

（4）选择镜头的景深。

在机器视觉测量过程中，有些场合必须将工业相机安装成一定角度，且要求整个物体成像清晰或被测目标不在同一个平面上时，这就需要考虑景深比较大的镜头。通常情况下，镜头景深选择应遵循以下原则：

①对于对景深有要求的项目，尽可能使用小的光圈。

②当选择放大倍率的工业镜头时，在项目许可下尽可能选用低倍率工业镜头。

③如果项目要求比较苛刻时，倾向于选择高景深的尖端工业镜头。

（5）确定是否需要用远心镜头。

远心镜头能够克服成像时由于距离不同而造成的放大倍数不一致现象，使得检测目标在一定范围内运动时得到的尺寸数据几乎不变，通常用于精密测量系统中。一般的，当表面缺陷检测、有无判断等对物体成像没有严格要求时，可以选用畸变小的远心镜头。

（6）选择镜头接口。

镜头接口是指相机与镜头之间的接口，常用的镜头接口有 C 型接口和 CS 型接口。

C 型接口是镜头的标准接口之一，CS 型接口是 C 型接口的一个变种，区别仅仅在于镜头定位面到图像传感器光敏面的距离不同，C 型接口此距离为 17.5 mm，CS 型接口此距离为 12.5 mm。用一个 5 mm 的垫圈（C/CS 转接环）可将 C 型接口镜头转换为 CS 型接口镜头。

镜头与相机接口的配合关系见表 4.1 和图 4.18。

表 4.1　镜头与相机接口的配合关系

序号	相机接口	镜头接口	配合关系	示意图
1	C 型	C 型	匹配	图 4.18（a）
2	C 型	CS 型	匹配 （需增加 5 mm C/CS 转接环）	图 4.18（b）
3	CS 型	C 型	不匹配	图 4.18（c）
4	CS 型	CS 型	匹配	图 4.18（d）

注意：C 型接口是最初的标准，而 CS 型接口是对其的升级，该升级接口可降低制造成本并减小传感器尺寸。现在市场上销售的绝大多数摄像机和镜头都使用 CS 型接口。可以通过使用 C/CS 转接环将一个 C 型接口镜头安装到带有 CS 型接口的摄像机上。如果摄像机无法聚焦，则可能是因为使用了错误的镜头类型。

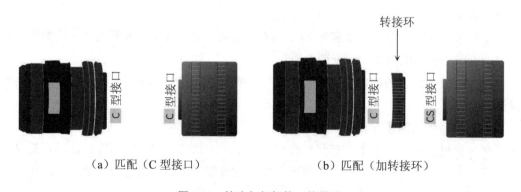

（a）匹配（C 型接口）　　　　　　（b）匹配（加转接环）

图 4.18　镜头与相机接口的搭配

（c）不匹配　　　　　　　　（d）匹配（CS 型接口）

续图 4.18

（7）考虑镜头的畸变。

畸变是视野中局部放大倍数不一致造成的图像扭曲。受制作工艺的影响，镜头畸变是不可避免的，镜头越好畸变越小。一般在精密测量系统等精度要求高的情况下，必须考虑机器视觉镜头的畸变。

3. 光源的选型

机器视觉系统的核心是图像的采集和处理。在机器视觉系统中，所有信息均来源于图像，因此图像质量对整个视觉系统至关重要。合适的光源能够突出被观察特征与背景的差异，形成有利于图像处理的成像效果，克服环境光的干扰，进而保证图片的稳定性和连续性。

选择机器视觉光源时应考虑以下基本要素。

（1）对比度。

对比度对机器视觉来说至关重要。机器视觉应用光源的主要目的是使需要被观察的图像特征与需要被忽略的图像特征之间产生最大的对比度，从而方便特征的区分。对比度可以定义为在特征与其周围的区域之间有足够的灰度量区别。好的照明应该能够保证需要检测的特征突出于其他的背景。

（2）亮度。

当选择两种光源的时候，尽量选择较亮的那个。当光源不够亮时，可能会出现以下三种情况。①相机的信噪比不够，由于光源的亮度不够，图像的对比度就不够，在图像上出现噪声的可能性也随即增大。②光源的亮度不够，必然要加大光圈，从而减小了景深。③当光源的亮度不够的时候，自然光等随机光对系统的影响会更大。

（3）光源均匀性。

不均匀的光会造成不均匀的反射。光源均匀性关系到三个方面。①对于视野，在摄像头视野范围部分应该是均匀的。简单地说，图像中暗的区域就是缺少反射光，而亮点就是此处反射太强了。②不均匀的光会使视野范围内部分区域的光比其他区域多，从而造成物体表面反射不均匀（假设物体表面对光的反射是相同的）。③均匀的光源会补偿物体表面的角度变化，即使物体表面的几何形状不同，光源在各部分的反射也是均匀的。

（4）光源颜色。

光源的颜色及测量物体表面的颜色决定了反射到摄像头的光能的大小及波长。良好的光源颜色选择，可以使需要被观察的图像特征与需要被忽略的图像特征之间产生最大的对比度，即特征与其周围的区域之间有足够的灰度量区别，从而易于特征的区分。

通过选择合适的光源颜色，当与被检测物体的颜色形成互补关系时，可以显著增强检测特征，降低环境干扰。互补色是色环中正好相对的颜色。使用互补色光线照射物体时，物体呈现的颜色将接近黑色。根据色彩圆盘（如图 4.19 所示，说明了互补色对照关系），用相反的颜色照射，可以达到最高级别的对比度。如用冷色光照射暖色光的物体，颜色会变暗；用冷色光照射冷色光的物体，颜色则会变亮。

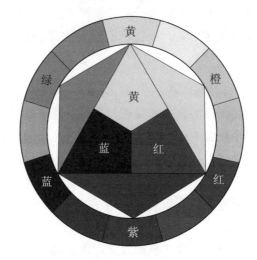

图 4.19　互补色对照关系

为了最大程度区分被观察物和背景，通常用与被测物表面颜色相反色温的光线照射，图像可以达到最高级别的对比度，例如当被观察物为绿色时，选择红色光源照射能够提高对比度。相同色温的光线照射，可以有效滤除不需要的特征，例如当被观察物中混杂一些不希望看到的杂质时，通常选择与杂质颜色相同的背景光源颜色，这样可以在视觉效果上滤除杂质干扰。因此灵活利用色温特性，对选择光源很有帮助。不同颜色光源采集图像效果如图 4.20 所示。

（a）彩色图　　　　（b）红光效果　　　　（c）绿光效果　　　　（d）蓝光效果

图 4.20　不同颜色光源采集图像效果

　　此外，在一些场合为了防止杂光干扰，可以在镜头前面添加滤光片，如图 4.21 所示。滤光片在视觉系统中主要与镜头或者光源配合，可以阻断或者选择性地让部分波长的光线通过，也可以调制出颜色比较纯的光，滤光工作原理如图 4.22 所示。

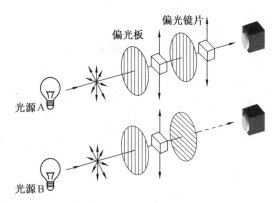

图 4.21　滤光片　　　　　　　　　　图 4.22　滤光工作原理

（5）照明方式。

　　良好的照明方式应该保证需要检测的特征突出于其他背景。照明方式有很多种，例如前向照明、背向照明、同轴照明等，不同照明方式的特点及适用场合见表 4.2。

表 4.2　不同照明方式的特点及适用场合

照明方式	示意图	特点及适用场合
高角度照射 （前向照明）		图像整体较亮，适合表面不反光物体或需要获取高对比度物体图像的场合。 高角度照射一般采用环状或点状照明。环灯是一种常用的通用照明方式，很容易安装在镜头上，可给漫反射表面提供足够的照明
低角度照射 （前向照明）		低角度照明属于暗场照明。低角度照明时，图像背景为黑，特征为白，可以突出被测物轮廓及表面凹凸变化，应用于对表面部分有突起或表面纹理有变化的场合
多角度照射 （前向照明）		多角度照明应用半球型的均匀照明，可以减小影子及镜面反射，图像整体效果较柔和，应用于物体表面反光或者表面有复杂角度的场合，如电路板照明、曲面物体检测等

续表 4.2

照明方式	示意图	特点及适用场合
背光照射（背向照明）		背向照明能够产生很强的对比度，图像效果为黑白分明的被测物轮廓，但可能会丢失物体的表面特征，常用于测量物体的尺寸和确定物体的方向
同轴光照射（同轴照明）		同轴光照明，图像效果为明亮背景上的黑色特征，用于反光厉害的平面物体检测，还适合受周围环境产生阴影的影响，检测面积不明显的物体

当需要突出物体轮廓时，通常采用背向照明，即被观察物位于光源和高速相机之间。

（6）鲁棒性。

鲁棒性是测试光源的另一个方法，即看光源是否对部件的位置敏感度最小。当光源放置在摄像头视野的不同区域或不同角度时，图像应该不会随之变化。方向性很强的光源，增大了对高亮区域的镜面反射发生的可能性，这不利于后面的特征提取。

好的光源能够使图像特征非常明显，除了使摄像头能够拍摄到部件外，好的光源应该能够产生最大的对比度、亮度足够且对部件的位置变化不敏感。光源选择好了，剩下来的工作就容易多了。具体的光源选取方法还在于实践经验。

4.3.3 传感器选型

传感器选型需考虑如下几个因素：

1. 明确要测量的物理量

在选择传感器之初，首先应明确要测量的物理量，根据被测量选择相应的传感器类型，如测量力矩时，应选用力矩传感器。

2. 环境

对环境有明确要求的情况会对传感器的可靠性有特定的要求。在机械工程中，有些机械系统或自动化加工过程，往往要求传感器能长期使用而不需要经常更换或校准。其工作环境比较恶劣，尘埃、油剂、温度、振动等干扰严重。例如，热轧机系统控制钢板厚度的射线检测装置，用于自适应磨削过程的测力系统或零件尺寸的自动检测装置等，在这种情况下应对传感器可靠性有严格的要求。

此外，为了保证传感器在应用中具有较高的可靠性，事前需选用设计、制造良好，使用条件适宜的传感器；在使用过程中，应严格保持规定的使用条件，尽量减轻使用条件的不良影响。例如，对于电阻应变式传感器，湿度会影响其绝缘性，且会影响其零漂，长期使用会产生蠕变现象。而对于变间隙型的电容传感器，环境湿气或浸入间隙的油剂，会改变介质的介电常数。光电传感器的感光表面有尘埃或水汽时，会改变光通量、偏振性或光谱成分等。

3. 测量的时间

测量的时间会影响传感器的响应特性。利用光电效应、压电效应等的物性型传感器，响应较快，可工作频率范围宽。而结构型传感器，如电感、电容、磁电式传感器等，往往由于结构中的机械系统惯性的限制，其固有频率低，可工作频率较低。

4. 与显示器之间的信号传输距离

与显示器之间的信号传输距离会影响信号的引出方法（有线式或无线式），当距离过远时，如采用有线连接，会使布线工程量大，且由于使用实体线，其线路容易损坏，一旦出错，就不得不换掉整条线，维护不易。相比之下，无线式接线主要在于相关设备的维护，相对较为容易，且在系统需要改变时，无线式可以根据需要进行规划和随时调整，省去了巨额的工作量。

5. 与外设的连接方式

与外设的连接方式确定了传感器的测量方式是接触式还是非接触式。在机械系统中，运动部件的被测量（如回转轴的误差运动、振动、扭力矩），往往需要非接触测量。因为对部件的接触式测量不仅造成对被测系统的影响，而且有许多实际困难，诸如测量头的磨损、接触状态的变动、信号的采集都不易解决，也易于造成测量误差。采用电容式、涡电流式等非接触式传感器，会有很大方便。若选用电阻应变片，则需配以遥测应变仪或其他装置。

4.4　装配机器人系统工位布局

由装配机器人组成的柔性化装配单元，可实现物料自动装配，其合理的工位布局将直接影响到生产效率。在实际生产中，常见的装配机器人工作站的工位布局可分为两种：线式布局和回转式布局。

※　装配机器人系统工位布局

1. 线式布局

线式装配机器人依附于生产线，排布于生产线的一侧或两侧，具有生产效率高、节省装配资源、节约人员维护、一人便可监视全线装配等优点，广泛应用于小物件装配场合，如图 4.23 所示。

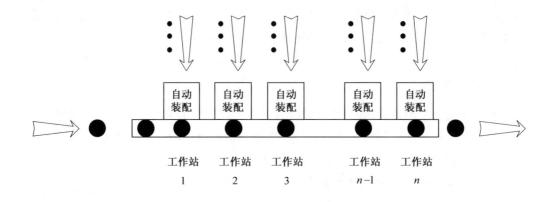

图 4.23　线式布局

2. 回转式布局

回转式装配工作站可将装配机器人聚集在一起进行配合装配，也可进行单工位装配，灵活性较大，可针对一条或两条生产线，具有较小的输送线成本，可减小占地面积，广泛应用于大、中型装配作业，如图 4.24 所示。

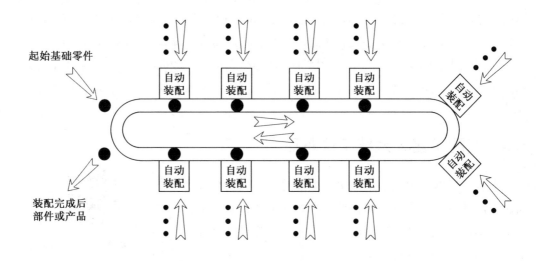

图 4.24　回转式布局

4.5　装配作业流程

以简化后的鼠标装配为例，说明机器人在装配应用中的作业流程。其末端执行器采用组合式夹持器，如图 4.25 所示。图中 A、B、C 位置为鼠标零件给料器。机器人鼠标装配作业流程如图 4.26 所示。

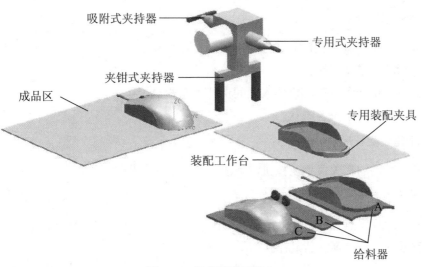

图 4.25　鼠标装配系统

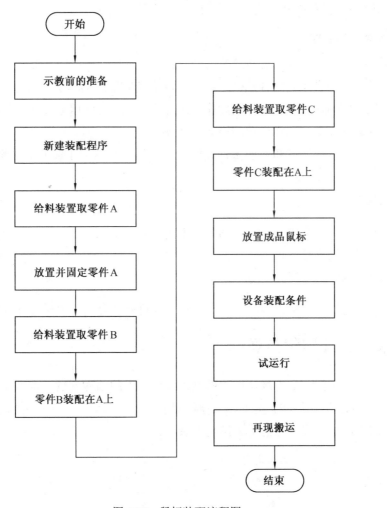

图 4.26　鼠标装配流程图

1. 示教前的准备

在进行装配机器人示教编程之前，要先做好准备工作：

（1）给料器准备就绪。

（2）确认操作者自身和机器人之间保持安全距离。

（3）机器人原点位置确认。

2. 新建装配程序

点按示教器的相关菜单或按钮，新建一个装配作业程序。

3. 输入程序点

本例中的程序点包括机器人安全点、取零件 A、放置并固定零件 A、取和装配零件 B、取和装配零件 C、放置成品鼠标。

在示教模式下，手动操纵机器人进行程序点位的示教，并记录保存。在示教过程中需要确保末端执行器和装配工件互不干涉，装配顺序无误。

4. 设定装配条件

本例中装配作业条件主要涉及的内容有：

（1）在作业中设定装配开始及结束时的规范及装配的动作次序。

（2）依据实际情况，配置在装配作业中需要用到的 I/O 信号及其他参数。

（3）在装配作业中选择合理的末端执行器。

所有程序点示教完成和作业条件设定后，机器人会自动生成并记录相应的装配运动程序。

5. 试运行

确认装配机器人周围安全后，对整个装配程序进行逐行试运行测试，以便检查各程序点位置及参数设置是否正确。

6. 再现装配

确认程序无误后，将机器人调至自动模式，进行实际的生产装配作业。

4.6 装配作业编程与调试

以简化后的鼠标装配为例，说明机器人装配应用的编程调试。本章仅介绍 A 位置给料器上零件装配，如图 4.27 所示，其他位置装配方法类似。此程序由编号 P1～P8 的 8 个程序点组成，每个程序点的用途说明见表 4.3。

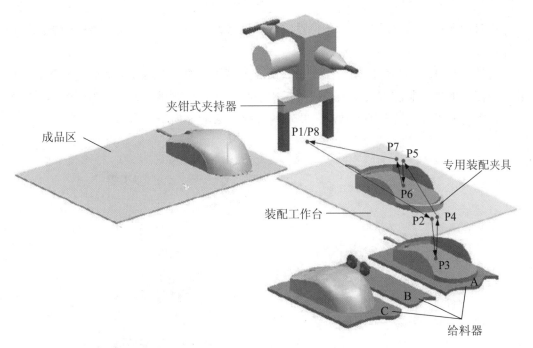

图 4.27　机器人装配运动轨迹

表 4.3　鼠标装配程序点说明

程序点	说明	手爪动作	程序点	说明	手爪动作
程序点 P1	机器人安全点	—	程序点 P5	装配接近点	抓取
程序点 P2	取料接近点	—	程序点 P6	装配作业点	放置
程序点 P3	取料作业点	抓取	程序点 P7	装配规避点	—
程序点 P4	取料规避点	抓取	程序点 P8	机器人安全点	—

1. 程序点的输入

在示教模式下，手动操纵装配机器人，按图 4.27 所示运动轨迹逐点示教程序点 P1～P8，此外要确保这 8 个程序点位置与工件、夹具等互不干涉。通常将程序点 1 与程序点 8 设置在同一点。

2. 设定作业条件

本例中装配作业条件的输入，主要涉及以下几个方面：

（1）在作业开始命令中设定装配开始规范及装配开始动作次序。

（2）在作业结束命令中设定装配结束规范及装配结束动作次序。

（3）依据实际情况，在编辑模式下合理选择配置装配工艺参数及选择合理的末端执行器。

所有程序点示教完成和作业条件设定后，机器人会自动生成并记录相应的装配运动程序。

另外，A、B 位置给料器上的零件可采用组合手爪中的夹钳式夹持器进行装配，C 位置给料器上的零件装配需采用组合式手爪中的吸附式夹持器进行装配，为达到相应装配要求，需用专用式夹持器进行按压，其示教流程如图 4.28 所示。

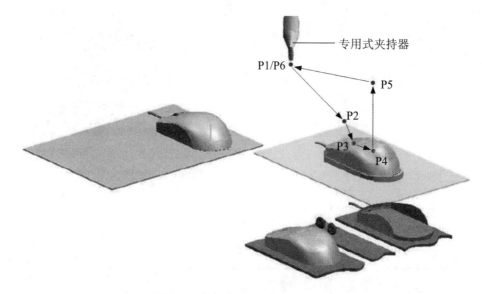

图 4.28　鼠标装配按压动作运动轨迹

其中程序点 P3 到程序点 P4 需通过力觉传感器确定按压力大小，并在装配作业条件中设定相应的延时时间，确保装配完成效果。装配完成后可通过夹钳式手爪抓取鼠标放入成品托盘，完成整个装配生产过程。

3. 装配调试

确认装配机器人周围安全后，进行程序的试运行。

（1）打开要测试的程序文件。

（2）移动光标到程序的第一行。

（3）点击示教器上的单步运行按钮，实现机器人单步运行编写的程序。

（4）如果在单步运行中，机器人按预定轨迹完成作业，那么再将机器人调至手动状态下的连续运行模式运行程序。

（5）如果在连续运行中，机器人也按预定轨迹完成作业，那么再将机器人调至自动状态。

（6）按下启动按钮，装配机器人开始运行。

确认程序无误后，将机器人调至自动模式，进行实际的生产装配作业。

思考题

1. 装配机器人系统由哪几部分组成？
2. 基于 PC 的工业机器人视觉系统由哪些部分组成？
3. 请简述机器视觉系统工作流程。
4. 机器人的视觉系统选型需要注意哪些因素？
5. 传感器选型需要注意哪些因素？
6. 常见的装配机器人工作站的工位布局可分为哪几种？
7. 请简述鼠标装配的作业流程。

第5章　弧焊机器人技术与应用

弧焊技术是现代焊接技术的重要组成部分，其应用领域几乎涵盖了所有的焊接生产领域。近年来随着市场竞争的日趋激烈，提高焊接生产的生产率、保证产品质量、实现焊接生产的自动化、智能化越来越得到焊接生产企业的重视。而人工智能技术、计算机视觉技术、数字化信息处理技术、机器人技术等现代高新技术的融入，也促使弧焊技术正向着焊接工艺高效化、焊接电源控制数字化、焊接质量控制智能化、焊接生产过程机器人化的方向发展。

5.1　弧焊技术概述

5.1.1　弧焊分类

※　机器人弧焊技术概述

根据选用焊接工艺方法的不同，弧焊机器人系统主要分为两种类型：熔化极气体保护焊和非熔化极气体保护焊。

1. 熔化极气体保护焊

熔化极气体保护焊（简称 GMAW）是指采用连续等速送进可熔化的焊丝与被焊工件之间的电弧作为热源来熔化焊丝和母材金属，形成熔池和焊缝，同时要利用外加保护气体作为电弧介质来保护熔滴、熔池金属及焊接区高温金属免受周围空气的有害作用，从而得到良好焊缝的焊接方法，如图 5.1 所示。

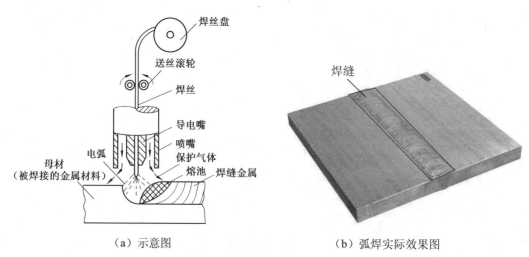

（a）示意图　　　　　　　　（b）弧焊实际效果图

图 5.1　熔化极气体保护焊

利用焊丝和母材之间的电弧来熔化焊丝和母材，形成熔池，熔化的焊丝作为填充金属进入熔池与母材融合，冷凝后即为焊缝金属。通过喷嘴向焊接区喷出保护气体，使其处于高温的熔化焊丝、熔池及其附近的母材免受周围空气的有害作用。焊丝是连续的，由送丝滚轮不断地送进焊接区。

根据保护气体的不同，熔化极气体保护焊主要有：二氧化碳气体保护焊、熔化极活性气体保护焊和熔化极惰性气体保护焊，其区别见表 5.1。

表 5.1　熔化极气体保护焊的分类与区别

分类	二氧化碳气体保护焊 （CO_2 焊）	熔化极活性气体保护焊 （MAG 焊）	熔化极惰性气体保护焊 （MIG 焊）
区别	CO_2、$CO_2 + O_2$	$Ar + CO_2$、$Ar + O_2$、$Ar + CO_2 + O_2$	Ar、He、$Ar + He$
适用范围	结构钢和铬镍钢的焊接	结构钢和铬镍钢的焊接	铝和特殊合金的焊接

熔化极气体保护焊的特点如下：

（1）焊接过程中电弧及熔池的加热熔化情况清晰可见，便于发现问题与及时调整，故焊接过程与焊缝质量易于控制。

（2）在通常情况下不需要采用管状焊丝，焊接过程没有熔渣，焊后不需要清渣，可降低焊接成本。

（3）适用范围广，生产效率高。

（4）焊接时采用明弧和使用的电流密度大，电弧光辐射较强，且不适于在有风的地方或露天施焊，往往设备较复杂。

2. 非熔化极气体保护焊

非熔化极气体保护焊主要指钨极惰性气体保护焊（TIG 焊），即采用纯钨或活化钨作为不熔化电极，利用外加惰性气体作为保护介质的一种电弧焊方法。TIG 焊广泛用于焊接容易氧化的有色金属铝、镁等及其合金、不锈钢、高温合金、钛及钛合金，还有难熔的活性金属（如钼、铌、锆等）。

TIG 焊具有如下特点：

（1）弧焊过程中电弧可以自动清除工件表面氧化膜，适用于焊接易氧化、化学活泼性强的有色金属、不锈钢和各种合金。

（2）钨极电弧稳定。即使在很小的焊接电流（<10 A）下仍可稳定燃烧，特别适用于薄板、超薄板材料焊接。

（3）热源和填充焊丝可分别控制，热输入容易调节，可进行各种位置的焊接。

（4）钨极承载电流的能力较差，过大的电流会引起钨极熔化和蒸发，其微粒有可能进入熔池，造成污染。

本章以熔化极气体保护焊为例，介绍弧焊机器人系统相关知识。若无特别说明，弧焊机器人系统均为熔化极气体保护焊。

5.1.2 弧焊耗材

在熔化极气体保护焊中采用的消耗材料是焊丝和保护气体。焊丝、母材和保护气体的化学成分决定了焊缝金属的化学成分，而焊缝金属的化学成分又决定着焊件的化学性能和力学性能。

1. 焊丝

焊丝是作为填充金属或同时作为导电用的金属丝焊接材料，在非熔化极气体保护焊时，焊丝用作填充金属；在熔化极气体保护电弧焊时，焊丝既是填充金属，同时也是导电电极。焊丝表面没有药皮，通常以盘状或桶状保存，焊丝盘如图5.2所示。

焊丝的分类方法有很多，可以按制造方式、焊接工艺及被焊材料等分类。按照制造方式的不同，焊丝可分为两种：实芯焊丝和药芯焊丝。

（1）实芯焊丝。

实芯焊丝不包裹药粉，在制造时，一般直接将原始焊丝材通过焊丝模具拉拔至要求的线径，如图5.3所示。气体保护焊时，为了得到良好的保护效果，通常采用细焊丝，直径多为0.8～1.6 mm。

（2）药芯焊丝。

药芯焊丝又称粉芯焊丝、管状焊丝，其表面与实芯焊丝一样，是由塑性较好的低碳钢或低合金钢等材料制成，内层包裹有满足不同焊接需求的药粉。其制造方法是先把钢带轧制成U形断面形状，再把按剂量配好的焊粉填加到U形钢带中，用压轧机轧紧，最后经拉拔制成不同规格的药芯焊丝。

图5.2 焊丝盘   图5.3 实芯焊丝

根据保护气体的有无，药芯焊丝可分为两种：自保护药芯焊丝和气保护药芯焊丝。自保护药芯焊丝与焊条类似，是把作为造渣、造气和起脱氧、脱氮作用的药粉和金属粉放入钢带之内，焊接时药粉在电弧高温作用下变成气体和熔渣，起到造渣和造气保护作用，不用另加气体保护。而实心焊丝和气保护药芯焊丝在焊接过程中需要气体保护。

通常药芯焊丝对于焊缝熔池的熔炼要比实心焊丝好，但实心焊丝比药芯焊丝的价格便宜，并且药芯焊丝容易受潮，会对焊接性能造成影响，需要严格保存。

2. 保护气体

保护气体的主要作用是防止空气的有害作用，实现对焊缝和近缝区保护。因为大多数金属在空气中加热到高温，直到熔点以上时，很容易被氧化和氮化而生成氧化物和氮化物，这些不同的产物可以引起焊接缺陷，如夹渣、气孔和焊缝金属脆化等。保护气体通常有惰性气体、惰性气体的混合气体和惰性气体与氧化性气体的混合气，见表 5.1。

5.1.3　工艺参数

影响熔化极气体保护焊的焊缝熔深、焊道几何形状和焊接质量的工艺参数有：焊接电流、极性、电弧电压、焊接速度、焊丝伸出长度、焊丝倾角（焊枪角度）、焊接接头位置、焊丝直径、保护气体成分和流量等。

1. 焊接电流

当所有其他参数保持恒定时，焊接电流与送丝速度或熔化速度以非线性关系变化。当送丝速度增加时，焊接电流也随之增大。碳钢焊丝的焊接电流与送丝速度之间的关系如图 5.4 所示。对每一种直径的焊丝，在低电流时曲线接近于线性。可是在高电流时，特别是细焊丝时，曲线变为非线性。随着焊接电流的增大，熔化速度以更高的速度增加，这种非线性关系将继续增大，这是由焊丝伸出长度的电阻热引起的。

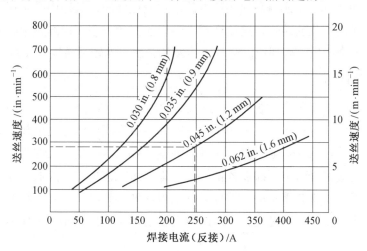

图 5.4　焊接电流与送丝速度之间的关系[1]

2. 极性

极性是用来描述焊枪与直流电源输出端子的电气连接方式。当焊枪接正极端子时表示为直流电极正（DCEP），称为反接；相反，当焊枪接负极端子时表示为直流极负（DCEN），称为正接。熔化极气体保护焊大多采用 DCEP。这种极性时，电弧稳定，熔滴过渡平稳，飞溅较低，焊缝成形较好，并且在较宽的电流范围内熔深较大。

注：[1] 1 in≈25.4 mm。

3. 电弧电压（弧长）

电弧电压和弧长是常常被相互替代的两个术语。需要指出的是，弧长是一个独立参数，而电弧电压却不同。

对于熔化极气体保护焊，弧长的选择范围很窄，必须小心控制。电弧电压不但与弧长有关，而且还与焊丝成分、焊丝直径、保护气体和焊接技术有关。此外，电弧电压是在电源的输出端子上测量的，所以它还包含焊接电缆长度和焊丝伸出长度的电压降。当其他参数不变时，电弧电压与弧长成正比关系。在电流一定的情况下，当电弧电压增加时焊道将会变得宽而平坦，电压过高时，将会产生气孔、飞溅和咬边；当电弧电压降低时，将会使焊道变得窄而高，并且熔深减小，电压过低时，将产生焊丝插桩现象。

4. 焊接速度

焊接速度是指电弧沿焊接接头运动的线速度。当其他条件不变时，中等焊接速度时熔深最大，焊接速度降低时，则单位长度焊缝上的熔敷金属量增加。在很慢的焊接速度时，焊接电弧冲击熔池而不是母材，这样会降低有效熔深，焊道也将加宽。相反，焊接速度提高时，在单位长度焊缝上由电弧传给母材的热能上升，这是因为电弧直接作用于母材。但是当焊接速度进一步提高时，单位长度焊缝上向母材过渡的热能减少，则母材的熔化是先增加后减少。而提高焊接速度就产生咬边倾向，其原因是高速焊时熔化金属不足以填充电弧所熔化的路径，熔池金属在表面张力的作用下向焊缝中心聚集。当焊缝速度更高时，还会产生驼峰焊道，这是因为液体金属熔池较长而发生失稳的结果。

5. 焊丝伸出长度

焊丝伸出长度是指导电嘴端头到焊丝端头的距离，如图 5.5 所示。随着焊丝伸出长度的增大，焊丝的电阻也增大。电阻热引起焊丝的温度升高，同时也引起少许增大焊丝的熔化率。另一方面，增大焊丝电阻，在焊丝伸出长度上将产生较大的压降。这一现象传感到电源，就会通过降低电流加以补偿。于是焊丝熔化率也立即降低，使得电弧的物理长度变短，这样一来将获得窄而高的焊道。当焊丝伸出长度过大时，将使焊丝的指向性变差和焊道成形恶化。短路过渡时合适的伸出长度是 6～13 mm，其他熔滴过渡形式为 13～25 mm。

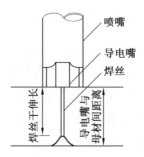

图 5.5　焊丝的干伸长

6. 焊枪角度

焊枪相对于焊接接头的方向影响焊道的形状和熔深，这种影响比电弧电压或焊接速度的影响还大。

焊枪角度可从下述两个方面来描述：焊丝轴线相对于焊接方向之间的角度（行走角）和焊丝轴线与相邻工作表面之间的角度（工作角）。当焊丝指向焊接表面的相反方向时，称为右焊法；当焊丝指向焊接方向时，称为左焊法，如图 5.6 所示。

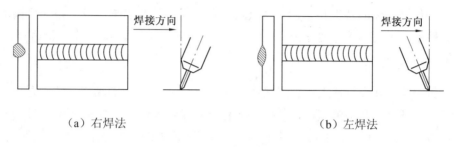

（a）右焊法　　　　　　　　　　　　（b）左焊法

图 5.6　焊枪角度

当其他焊接条件不变时，焊丝从垂直变为左焊法时，熔深减小而焊道变为较宽和较平。在平焊位置采用右焊法时，熔池被电弧力吹向后方，因此电弧能直接作用在母材上，而获得较大熔深，焊道变为窄而凸起，电弧较稳定和飞溅较小。对于各种焊接位置，焊丝的倾角大多选择在 $10°\sim15°$ 范围内，这时可实现对熔池良好的控制和保护。

对某些材料（如铝）多采用左焊法，该法可提供良好的清理作用，熔池在电弧力作用下，熔化金属被吹向前方，促进了熔化金属对母材的润湿作用和减少氧化。在焊接水平角焊缝时，焊丝轴线应与水平面呈 $45°$ 角（工作角）。

7. 焊接接头位置

焊接结构的多样化，决定了焊接接头位置的多样性，如平焊、仰焊和立焊，而立焊还含有向上立焊和向下立焊等。为了焊接不同位置的焊缝，不仅要考虑熔化极气体保护焊的熔滴过渡特点，而且还要考虑熔池的形成和凝固点。

对于平焊和横焊位置焊接，可以使用任何一种熔化极气体保护焊技术，如喷射过渡法和短路过渡法都可以得到良好的焊缝。而对于全位置焊却不然，虽然喷射过渡法可以将熔化的焊丝金属过渡到熔池中，但因电流较大形成较大的熔池，从而使熔池难以在仰焊和向上立焊位置上保持，常常引起熔池铁水流失。这时就必须考虑小熔池容易保持的特性，所以只有采用低能量的脉冲或短路过渡的工艺才可能实现。

8. 焊丝直径

对于每一种成分和直径的焊丝都有一定的可用电流范围。熔化极气体保护焊工艺中所使用的焊丝直径范围为 $0.4\sim5$ mm。通常半自动焊多采用直径为 $0.4\sim1.6$ mm 较细的焊丝,而自动焊常采用较粗焊丝,其直径为 1.6～5 mm。细焊丝主要用于薄板和任意位置的焊接,采用短路过渡和脉冲 MAG 焊。而粗焊丝多用于厚板、平焊位置的焊接,以提高焊接熔敷率和增加熔深。

9. 保护气体

保护气体除了提供保护环境外,保护气体的种类及其流量还将对电弧特性、熔滴过渡形式、熔深与焊道形状、焊接速度、咬边倾向、焊缝金属的力学性能等产生影响。保护气体的选择首先应考虑基本金属的种类,其次是考虑熔滴过渡类型。

各种保护气体的特性和它们对焊缝质量及电弧特性的影响请查阅相关焊接手册,由于内容较多,本书不作详细介绍。

5.1.4 弧焊动作

一般而言,弧焊机器人进行焊接作业时主要有 4 种基本的动作形式:直线运动、圆弧运动、直线摆动和圆弧摆动,其他任何复杂的焊接轨迹都可看成由这 4 种基本的动作形式组成。机器人焊接作业时的附加摆动是为了保证焊缝位置对中和焊缝两侧熔合良好。

(1)直线摆动。

机器人沿着一条直线做一定振幅的摆动运动。直线摆动程序先示教 1 个摆动开始点,再示教 2 个振幅点和 1 个摆动结束点,如图 5.7(a)所示。

(2)圆弧摆动。

机器人能够以一定的振幅,摆动运动通过一段圆弧。圆弧摆动程序先示教 1 个摆动开始点,再示教 2 个振幅点和 1 个圆弧摆动中间点,最后示教 1 个摆动结束点,如图 5.7(b)所示。

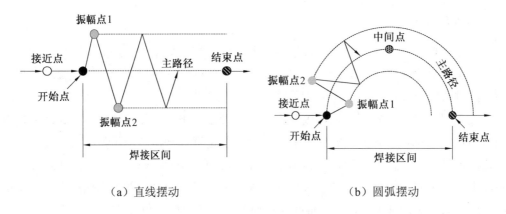

(a)直线摆动　　　　　　　　　　　(b)圆弧摆动

图 5.7　弧焊机器人的摆动动作

5.2　弧焊机器人的系统组成

弧焊机器人系统由 3 个部分组成：弧焊机器人、末端执行器和周边配套设备，如图 5.8 所示。周边配套设备主要包括弧焊电源、送丝系统、保护气气瓶总成、焊接传感器、变位机、焊枪清理装置、焊烟净化器等。

※　弧焊机器人系统组成

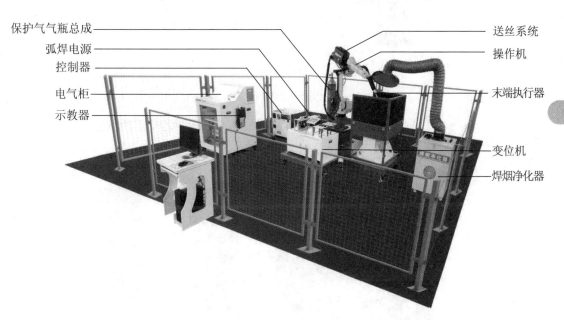

保护气气瓶总成
弧焊电源
控制器
电气柜
示教器

送丝系统
操作机
末端执行器
变位机
焊烟净化器

图 5.8　弧焊机器人的系统组成

5.2.1　弧焊机器人

弧焊机器人是指用于自动弧焊作业的工业机器人，如图 5.9 所示。在我国，弧焊机器人主要应用于汽车、工程机械、铁路、航天航空、家电、船舶等多种行业。其具有动作灵活、速度快、精度高的特点，对运动轨迹精度要求较高，具体特点如下：

（1）体积小，动作灵活，工作范围较大。

（2）重复定位精度高，以确保焊接质量。

（3）具有焊枪摆动功能。

（4）丰富的接口功能，便于配置多品牌和多种类型焊机。

（5）焊接传感器（机器人防撞、焊缝位置检测、焊缝自动跟踪等）的接口功能。

在弧焊作业中，要求焊枪跟踪工件的焊道运动，并不断填充金属形成焊缝，因此运动过程中速度的稳定性和轨迹精度是两项重要的指标。一般情况下，焊接速度为 5～50 mm/s，轨迹精度为±（0.2～0.5）mm。由于焊枪的姿态对焊缝质量也有一定影响，因此在跟踪焊道的同时，焊枪姿态的可调范围应尽量大。

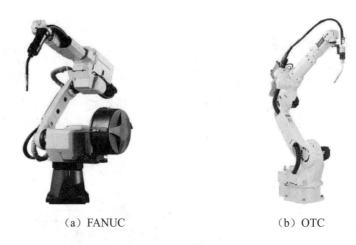

（a）FANUC　　　　　　　　　　（b）OTC

图 5.9　焊接机器人

通常情况下，弧焊机器人的示教器与通用机器人的示教器是有所区别的，增加了弧焊对应的相关功能，如图 5.10 所示。

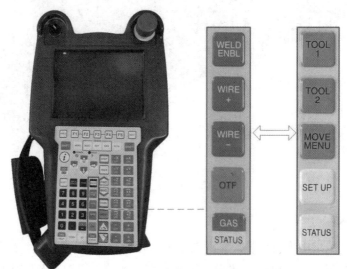

图 5.10　弧焊机器人示教器

5.2.2　末端执行器

弧焊机器人在进行弧焊作业时，其末端执行器是各种焊枪。它与送丝机连接，通过接通开关，将弧焊电源的大电流产生的热量聚集在末端来熔化焊丝，而熔化的焊丝渗透到需要焊接的部位，冷却后，被焊接的工件牢固地连接在一起。

焊枪一般由喷嘴、导电嘴、气体分流器、喷嘴接头和枪颈（枪管）等部分组成，如图 5.11 所示。

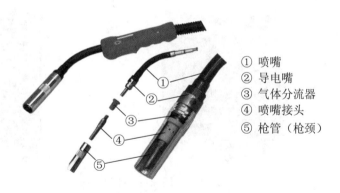

① 喷嘴
② 导电嘴
③ 气体分流器
④ 喷嘴接头
⑤ 枪管（枪颈）

图 5.11　弧焊机器人焊枪结构

其中，导电嘴装在焊枪的出口处，能够将电流稳定地导向电弧区。导电嘴的孔径和长度因焊丝直径的不同而不同。喷嘴是焊枪的重要零件，其作用是向焊接区域输送保护气体，防止焊丝末端、电弧和熔池与空气接触。

焊枪的种类很多，根据焊接工艺的不同，选择相应的焊枪。焊枪的分类主要如下：

（1）按照焊接电流大小，可分为空冷式和水冷式，如图 5.12（a）和（b）所示。

（2）根据机器人的结构，可分为内置式和外置式，如图 5.12（c）和（d）所示。

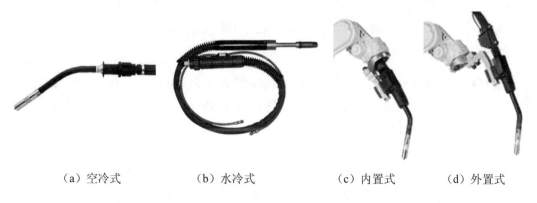

（a）空冷式　　　　　（b）水冷式　　　　　（c）内置式　　　　　（d）外置式

图 5.12　焊枪的分类

5.2.3　周边配套设备

弧焊机器人系统的周边配套设备主要包括弧焊电源、送丝系统、保护气气瓶总成、焊接传感器、变位机、焊枪清理装置、焊烟净化器等，用以辅助弧焊机器人系统完成整个弧焊作业。

1. 弧焊电源

弧焊电源即焊机，是用来对焊接电弧提供电能的一种专用设备，如图 5.13 所示。弧焊电源的负载是电弧，它必须具有弧焊工艺所要求的电气性能，如合适的空载电压，一定形状的外特性，良好的动态特性和灵活的调节特性等。

图 5.13　弧焊电源

弧焊电源的分类如下：

（1）按输出电流分为 3 类：直流、交流和脉冲电源。

（2）按输出外特性分为 3 类：恒流特性、恒压特性和缓降特性（介于恒流特性与恒压特性两者之间）电源。

熔化极气体保护焊的焊接电源通常有两种：直流和脉冲电源，一般不使用交流电源。其采用的直流电源有磁放大器式弧焊整流器、晶闸管弧焊整流器、晶体管式和逆变式等。

为了安全起见，每个焊接电源均须安装无保险管的断路器或带保险管的开关；母材侧电源电缆必须使用焊接专用电缆，并避免电缆盘卷，否则因线圈的电感储积电磁能量，二次侧切断时会产生巨大的电压突波，从而导致电源出现故障。

2. 送丝系统

送丝系统通常是由送丝机、送丝软管、焊丝盘及盘架等组成，其作用是将盘绕在焊丝盘上的焊丝稳定地输送至焊枪，以完成焊接作业。弧焊机器人的送丝稳定性是关系到焊接能否连续稳定进行的重要问题。

（1）送丝机。

送丝机是为焊枪自动输送焊丝的装置，一般安装在机器人第 3 轴上，由送丝电动机、加压控制柄、送丝滚轮、送丝导向管、加压滚轮等组成，如图 5.14 所示。

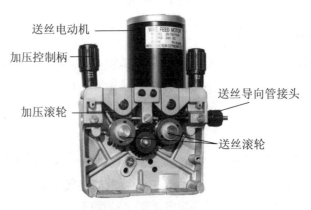

图 5.14　送丝机组成

送丝电动机驱动送丝滚轮（主动轮）旋转，为送丝提供动力。送丝电动机一般采用他励直流伺服电机，由弧焊电源控制，焊接电源根据焊接工艺控制送丝速度。加压滚轮将焊丝压入送丝滚轮上的送丝槽，增大焊丝与送丝滚轮的摩擦，将焊丝修整平直，平稳送出，使进入焊枪的焊丝在焊接过程中不会出现卡丝现象。根据焊丝直径不同，调节加压控制手柄可以调节压紧力大小。而送丝滚轮的送丝槽一般有ϕ0.8 mm、ϕ1.0 mm、ϕ1.2 mm 3 种，应按照焊丝的直径选择相应的输送滚轮。

送丝机的分类主要有以下几种方式：

①按安装方式分为两种：一体式和分离式。将送丝机安装在机器人的机械臂上与机器人组成一个整体为一体式；将送丝机与机器人分开安装为分离式。

②按送丝方式分为 3 种：推丝式、拉丝式和推拉丝式。焊丝先经过送丝滚轮，然后再经过送丝软管送至焊枪为推丝式；焊丝先经过送丝软管，然后再经过送丝滚轮送至焊枪为拉丝式；而推拉丝式的送丝软管通常较长，在送丝时既靠后面送丝机的推力，又靠前面送丝机的拉力。

③按送丝滚轮数分为两种：一对滚轮和两对滚轮。送丝机的结构有一对送丝滚轮的，也有两对滚轮的；有只用一个电机驱动一对或两对滚轮的，也有用两个电机分别驱动两对滚轮的。

（2）送丝软管。

送丝软管是集送丝、导电、输气和通冷却水为一体的输送设备，如图 5.15 所示。软管的中心是一根通焊丝同时也起输送保护气作用的导丝管，外面缠绕导电的多芯焊接电缆，有的电缆中央还有两根冷却水循环的水管，最外面包敷一层绝缘橡胶。

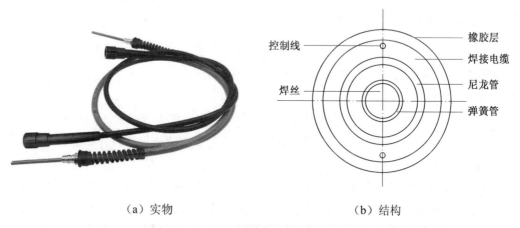

（a）实物　　　　　　　　　　　　（b）结构

图 5.15　焊丝软管

焊丝焊管阻力过大是造成弧焊机器人送丝不稳定的重要因素，原因有以下几个方面：

①选用的导丝管内径与焊丝直径不匹配。

②导丝管内积存由焊丝表面剥落下来的铜末或钢末过多。

③软管的弯曲程度过大。

目前越来越多的机器人公司把安装在机器人机械臂上的送丝机稍微向上翘，有的还使送丝机能做左右小角度自由摆动，目的都是为了减少软管的弯曲，保证送丝速度的稳定性。

（3）焊丝盘架。

焊丝盘架可装在机器人第 1 轴上，也可放置在地面上，如图 5.16 所示。焊丝盘架用于固定焊丝盘。

3. 保护气气瓶总成

保护气气瓶总成由气瓶、减压器、PVC 气管等组成，如图 5.17 所示。气瓶出口处安装了减压器，减压器由减压机构、加热器、压力表、流量计等部分组成。如 MAG 焊接用的气瓶中装有 80%CO_2+20%Ar 的保护气体。

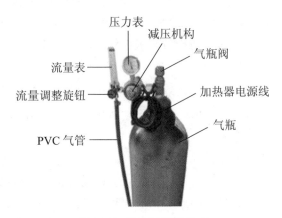

图 5.16 焊丝盘架安装在机器人上　　　　图 5.17 保护气气瓶总成

4. 焊接传感器

弧焊机器人常用的焊接传感器有机器人防撞传感器、焊缝位置检测传感器、焊缝跟踪传感器等，下面主要介绍防撞传感器和焊缝跟踪传感器。

（1）防撞传感器。

实际应用中，有时需要在机器人的焊枪把持架上配备防撞传感器，如图 5.18 所示。其作用是当机器人运动时，如果焊枪碰到障碍物，就能立即使机器人停止运动，避免损坏焊枪或机器人。

防撞传感器可与外置的焊枪电缆组件一起使用。由于焊枪在碰撞中容易发生偏转，所以带安全精准开关功能的防撞传感器可以防止焊枪偏转导致机器人设备损坏的情况。

图 5.18 机器人防撞传感器

（2）焊缝跟踪传感器。

在一些大型结构件焊接中，很难保证焊接夹具上的工件定位十分精确，而且焊接时的热量经常会使结构件发生变形，这些都是焊接线位置发生偏移的原因。所以，弧焊机器人焊接大型结构件时，检测并计算偏移量、进行位置纠正的功能必不可少。实际应用中，通常采用焊缝跟踪传感器来解决此类问题。

在焊接过程中，使用焊缝跟踪传感器进行焊缝跟踪可实现完美的焊缝。目前使用较多的是激光型焊缝跟踪传感器，如图 5.19 所示，通过使用激光和摄像头，可对组件和焊缝进行记录，从而实时校正焊缝路径。该传感器通常使用了集成的入射光过滤器，在非常靠近焊件的情况下，也可保证稳定地运行，而高性能的信号评估可确保可靠的焊缝导向，特别是反射表面。无须接触并且不依赖于系统和工艺，使得该传感器适用于所有标准的焊缝形状和材料类型。

91

（a）激光检测焊缝

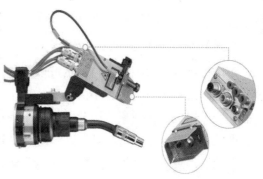
（b）跟踪系统

图 5.19　焊缝自动跟踪传感器

5. 变位机

在某些焊接场合，因工件空间几何形状过于复杂，使得焊枪无法到达指定的焊接位置或姿态，此时需要采用变位机来增加机器人的自由度。

变位机的主要作用是实现焊接过程中将工件进行翻转变位，以便获得最佳的焊接位置，可缩短辅助时间，提高劳动生产率，改善焊接质量。如果采用伺服电机驱动变位机翻转，可作为机器人的外部轴，与机器人实现联动，达到同步运行的目的。

按照结构形式，焊接变位机可分为 3 种：伸臂式焊接变位机、座式焊接变位机和双座式焊接变位机，如图 5.20 所示。

（a）伸臂式 　　　　　　　（b）座式 　　　　　　　（c）双座式

图 5.20　焊接变位机

使用变位机辅助焊接时，通常会遇到工件固定、变位机翻转等情况，此时需要用到相关夹具，用于工件的装夹、定位。变位机夹具装置的主要作用是固定被焊工具并保证定位精度，同时对焊件提供适当的支撑。变位机夹具常见的是卡盘，如图 5.21 所示。

6. 焊枪清理装置

在熔化极气体保护焊中，虽然可以调整优化焊接参数，将焊接飞溅降低到最小的程度，但难以避免仍有一些细小的飞溅，焊枪经过长时间焊接作业后，喷嘴内壁会积累大量的焊渣，影响焊接质量，因此需要使用焊枪清理装置进行定期清除。而焊丝过短、过长或焊丝端头成球型，也可以通过焊枪清理装置进行处理。

焊枪清理装置主要包括 3 个部分：清枪装置、喷油装置和剪丝装置，如图 5.22 所示。

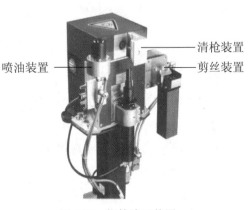

图 5.21　变位机卡盘 　　　　　　　　图 5.22　焊枪清理装置

（1）清枪装置。

清枪装置主要用于清除喷嘴内表面残留的焊渣，以保证保护气体的畅通。其主要部件是清枪铰刀，如图 5.23 所示。

（2）喷油装置。

喷油装置喷出的防溅液可以减少焊渣的附着，降低维护频率。

焊枪喷嘴的自动喷油装置有恒定的喷射时间，它是由气动信号断续器控制的。信号断续器带有手动操控器，可以实现首次使用时的充油，以及喷射效果和喷射方向的检查。

喷射效果可以通过滴油帽上的调节螺钉来调节，两个硅油喷嘴必须交汇到焊枪喷嘴，确保垂直喷入焊枪喷嘴，如图 5.24 所示。

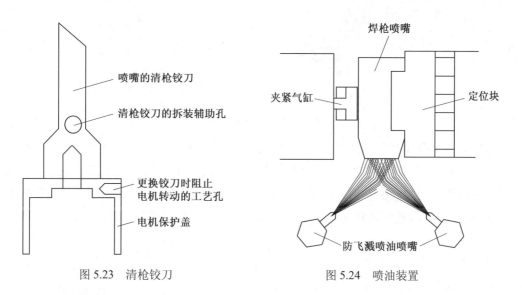

图 5.23　清枪铰刀　　　　　　　　　　图 5.24　喷油装置

（3）剪丝装置。

该装置主要应用在用焊丝进行起始点检出的场合，以确保精确剪丝和精确测量 TCP，提高检出精度和起弧性能。

用焊枪清理装置清理焊枪喷嘴，清理前后的对比如图 5.25 所示。

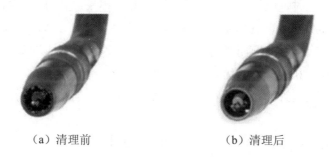

（a）清理前　　　　　　　　　　（b）清理后

图 5.25　焊枪喷嘴清理前后的对比

7. 焊烟净化器

焊接工序中经常会产生焊接烟尘和粉尘，可通过焊烟净化器进行净化，以减少对人体的伤害。其具有净化效率高、噪声低、使用灵活、占地面积小等特点。

按照结构形式的不同，焊烟净化器通常分为两种：单臂焊烟净化器和双臂焊烟净化器，如图 5.26 所示。

（a）单臂焊烟净化器　　　　　　　（b）双臂焊烟净化器

图 5.26　焊烟净化器

实际生产操作过程中，产生的焊接烟尘由于风机引力作用通过吸气罩口吸入焊烟净化器，经过预过滤器阻火网对大颗粒进行分离截留；初步过滤后的烟尘经过滤芯防护板，进一步对颗粒和残留火星阻挡；过滤后的烟尘进入过滤器滤芯，过滤芯通常选用覆膜聚酯纤维材质，过滤效率可达到 99.9%；净化后的气体再经过活性炭层过滤棉进一步净化后经出风口达标排放。

除了各种焊接场所之外，焊烟净化器还适用于抛光、切割、打磨等场所产生烟尘和粉尘的净化以及对稀有金属、贵重物料的回收等。

5.3　弧焊机器人系统选型

5.3.1　弧焊机器人选型

❋ 弧焊机器人系统选型

选择弧焊机器人时，应根据焊接工件的形状和大小来选择机器人的工作范围，一般保证一次将工件上所有的焊点都焊到为准；其次考虑效率和成本，选择机器人的轴数和速度及负载能力。在其他情况同等的情况下，应优先选择具备内置弧焊程序的工业机器人，便于程序的编制和调试；应优先选择能够在上臂内置焊枪电缆，底部还可以内置焊接地线电缆、保护气气管的工业机器人，这样在减少电缆活动空间的同时，也延长了电缆的寿命。

对于焊接机器人，还要考虑焊接用的专用技术指标。

1. 适用的焊接方法

适用的焊接方法对弧焊机器人尤为重要。这实质上反映了机器人控制和驱动系统抗干扰的能力。一般弧焊机器人只采用熔化极气体保护焊方法，因为这些焊接方法不需采用高频引弧起焊，机器人控制和驱动系统没有特殊的抗干扰措施。能采用钨极氩弧焊的弧焊机器人是近几年的新产品，它有一套特殊的抗干扰措施。

2. 摆动功能

摆动功能关系到弧焊机器人的工艺性能。目前弧焊机器人的摆动功能差别很大，有的机器人只有固定的几种摆动方式，有的机器人只能在 x-y 平面内任意设定摆动方式和参数。最佳的选择是能在空间范围内任意设定摆动方式和参数。

3. 焊接工艺故障自检和自处理功能

对于常见的焊接工艺故障，如弧焊的粘丝、断丝等，如不及时采取措施，则会发生损坏机器人或报废工件等大事故。因此，机器人必须具有检出这类故障并实时自动停车报警的功能。

4. 引弧和收弧功能

焊接时起弧、收弧处特别容易产生气孔、裂纹等缺陷。为确保焊接质量，在机器人焊接中，通过示教应能设定和修改引弧和收弧参数，这是弧焊机器人必不可少的功能。

5. 焊接尖端点示教功能

这是一种在焊接示教时十分有用的功能，即在焊接示教时，先示教焊缝上某一点位置，然后调整其焊枪或焊钳姿态，在调整姿态时，原示教点的位置完全不变。

5.3.2　焊枪选型

对于弧焊机器人系统而言，选择焊枪时，应考虑以下几个方面：

（1）选择自动型焊枪，不要选择半自动型焊枪。半自动型焊枪用于人工焊接，不能用于机器人焊接。

（2）根据焊丝的粗细、焊接电流的大小及负载率等因素选择空冷式或水冷式的结构。细丝焊时因焊接电流较小（在 500 A 以下），可选用空冷式焊枪结构；粗丝焊时焊接电流较大（超过 500 A），应选用水冷式的焊枪结构。

（3）根据机器人的结构选择内置式或外置式焊枪。内置式焊枪安装要求机器人末端的连接法兰必须是中空的，而通用型机器人通常选择外置式焊枪。

（4）根据焊接电流、焊枪角度选择焊枪。焊接机器人用焊枪枪颈的弯曲角一般都小于 45°。根据工件特点选择不同角度的枪颈，以改善焊枪的可达性。若枪颈角度选得过大，送丝阻力会加大，送丝速度容易不稳定；若角度过小，一旦导电嘴稍有磨损，常会出现导电不良的现象。

（5）从设备和人身安全方面考虑应选择带防撞传感器的焊枪。

5.3.3　弧焊电源选型

弧焊机器人系统中的弧焊电源，通常是根据其特点和适用范围来选择。

1. 弧焊变压器式交流弧焊电源

（1）特点：将网路电压的交流电变成适用于弧焊的低压交流电，结构简单，易造易修，耐用，成本低，磁偏吹小，空载损耗小，噪声小；但其电流波形为正弦波，电弧稳定性较差，功率因素低。

（2）适用范围：酸性焊条电弧焊、埋弧焊和 TIG 焊。

2. 矩形波式交流弧焊电源

（1）特点：网路电压经降压后运用半导体控制技术获得矩形波的交流电，电流过零点极快，其电弧稳定性好，可调节参数多，功率因数高；但设备较复杂，成本高。

（2）适用范围：碱性焊条电弧焊、埋弧焊和 TIG 焊。

3. 发电机式直流弧焊电源

（1）特点：由柴（汽）油发动机发电而获得直流电，输出的电流脉动小，过载能力强；但空载损耗大，效率低，噪声大。

（2）适用范围：各种弧焊。

4. 整流器式直流弧焊电源

（1）特点：将网路交流电经降压和整流后获得直流电，与直流弧焊发电机相比，制造方便省材料，空载损耗小，节能，噪声小，由电子控制的近代弧焊整流器在控制与调节方面灵活方便，适应性强，技术和经济指标高。

（2）适用范围：各种弧焊。

5. 脉冲型弧焊电源

（1）特点：输出幅值大小周期变化的电流，效率高，可调节参数多，调节范围宽而均匀， 热输入可精确控制；但设备较复杂，成本高。

（2）适用范围：熔化极及非熔化极气体保护焊、微束等离子弧焊等；窄间隙厚板焊、超薄板焊；普通板材焊、热敏感性材料焊；全位置焊；单面焊双面成形和封底焊。

5.3.4 送丝系统选型

1. 送丝机选型

（1）一体式与分离式送丝机。

由于一体式的送丝机到焊枪的距离比分离式的送丝机短，连接送丝机和焊枪的软管也短，所以一体式的送丝阻力比分离式的小。从提高送丝稳定性的角度看，一体式送丝机比分离式送丝机要好一些。

一体式的送丝机，虽然送丝软管比较短，但有时为了方便更换焊丝盘，而把焊丝盘或焊丝桶放在远离机器人的安全围栏之外，这就要求送丝机有足够的拉力从较长的导丝管中把焊丝从焊丝盘（桶）拉过来，再经过软管推向焊枪。对于这种情况，和送丝软管比较长的分离式送丝机一样，要选用送丝力较大的送丝机，忽视这一点，往往会出现送丝不稳定甚至中断送丝的现象。

目前，弧焊机器人的送丝机采用一体式的安装方式已越来越多了，但对要在焊接过程中进行自动更换焊枪（变换焊丝直径或种类）的机器人，必须选用分离式送丝机。

（2）推丝式、拉丝式与推拉丝式送丝机。

推丝式送丝机主要用于直径为 0.8～2.0 mm 的焊丝，它是应用最广的一种送丝机。其特点是焊枪结构简单轻便，易于操作，但焊丝需要经过较长的送丝软管才能进入焊枪，焊丝在软管中受到较大阻力，影响送丝稳定性，软管长度一般为 3～5 m。

拉丝式送丝机主要用于细焊丝（焊丝直径小于或等于 0.8 mm），因为细焊丝刚性小，推丝过程易变形，难以推丝。拉丝时送丝电机与焊丝盘均安装在焊枪上，由于送丝力较小，所以拉丝电机功率较小，尽管如此，拉丝式焊枪仍然较重。可见拉丝式虽保证了送丝的稳定性，但由于焊枪较重，增加了机器人的载荷，而且焊枪操作范围受到限制。

推拉丝式送丝机可以增加焊枪操作范围，送丝软管可以加长到 10 m。除推丝机外，还在焊枪上加装了拉丝机。推丝是主要动力，而拉丝机只是将焊丝拉直，以减小推丝阻力。推力与拉力必须很好地配合，通常拉丝速度应稍快于推丝。这种方式虽有一些优点，但由于结构复杂，调整麻烦，实际应用并不多。

（3）一对滚轮和两对滚轮。

从送丝力来看，两对滚轮的送丝力比一对滚轮的大些。当采用药芯焊丝时，由于药芯焊丝比较软，滚轮的压紧力不能像采用实心焊丝时那么大，所以为了保证有足够的送丝推力，选用两对滚轮的送丝机可以有更好的效果。

2. 送丝软管选型

焊丝直径与软管内径要配合恰当。若软管内径过小，焊丝与软管内壁接触面增大，送丝阻力增大，此时如果软管内有杂质，常常造成焊丝在软管中卡死；若软管内径过大，焊丝在软管内呈波浪形前进，在推式送丝过程中将增大送丝阻力。焊丝直径与软管内径匹配见表 5.2。

表 5.2　焊丝直径与软管内径

焊丝直径/mm	0.8～1.0	1.0～1.4	1.4～2.0	2.0～3.5
软管内径/mm	1.5	2.5	3.2	4.7

5.3.5　变位机选型

焊接变位机选型原则有以下 3 点：一是工件适用原则，二是方便焊接原则，三是容易操作原则。

1. 工件适用原则

工程机械不同的结构件之间外形差别很大，焊接时变位需求也有所不同，因此应根据焊接结构件的结构特点和焊接要求，选择适用的焊接变位机。

2. 方便焊接原则

根据焊接作业状况，所选的焊接变位机要能把被焊工件的任意一条焊缝转到平焊或船焊位置，以避免立焊和仰焊，保证焊接质量。

3. 容易操作原则

应选择安全可靠、开敞性好、操作高度低、结构紧凑的焊接变位机，以便于工人操作和焊接变位机摆放。若焊接结构件变位机的焊接操作高度较高，工人可通过垫高的方式进行焊接，也可通过配装液压升降台进行高度位置调节。

5.4 弧焊机器人系统参数

不同的弧焊系统，其参数设置也是不一样的，本章以 FANUC 弧焊机器人为例来介绍其相关参数。FANUC 弧焊机器人系统参数包括弧焊设备参数、弧焊功能参数等。

焊接参数（如焊接电流、电弧电压、焊接速度、保护气体流量和焊丝伸出长度等）的选择是比较困难的，因为各种焊接参数不是孤立的，而是相互影响的。焊接参数都要通过大量的反复实验进行确定，以查阅相关焊接手册。另外，这些焊接参数并不是唯一的，如果改变某一参数，则其他焊接参数也要加以修正，从而形成一组新的焊接参数。

5.4.1 弧焊设备参数

FANUC 机器人在焊接工序中，需要进行有关焊机的设置，见表 5.3。

表 5.3 FANUC 机器人常见弧焊设备参数

弧焊设备参数	说　　明
Welder（焊机）	显示当前所设置的焊接电源的机型
Process（焊接种类）	显示要进行焊接的种类 MIG=MIG-MAGCO$_2$ 焊接 TIG=TIG 焊接
Process control（焊接控制方式）	显示当前所设置的焊接电源的控制方式 ● VLT+WFS=电压与送丝速度控制 ● VLT+AMP=电压与电流控制 ● AMPS=电流控制 ● AMP+WFS=电流与送丝速度控制
Romote wire inch speed（远程点动送丝速度）	通过远程点动送丝信号、远程点动回丝信号，使得焊丝手动进送/回抽时的速度
Feed forward/backward（正转/反转进给）	设定焊接过程中输出送丝信号的有效/无效
Arc detect time（起弧检测时间）	电弧检测确定时间是指输入电弧检测信号开始到视为电弧已切实发生为止的时间
Arc loss error time（电弧耗尽检测时间）	指在弧焊过程中，从断开电弧检测信号开始到产生焊接报警为止的延迟时间。在这段时间内，没有再次输入电弧检测信号时，将会产生焊接报警

5.4.2　弧焊功能参数

FANUC 弧焊机器人的功能参数见表 5.4。

表 5.4　FANUC 机器人弧焊功能参数

弧焊功能参数	说　明
Weld Schedule （弧焊功能参数序号）	显示当前弧焊过程中的功能参数序号。 用于弧焊开始指令和弧焊结束指令中指定焊接条件编号
Voltage（电压）	指定弧焊电压值（V）。弧焊电压要和弧焊电流匹配
Current（电流）或 Wire feed（送丝速度）	指定弧焊电流值（A）或指定焊丝的进给速度（inch/min、cm/min、mm/s） 自动化焊机中通常用送丝速度代替焊接电流。送丝速度越大，焊接电流越大，它们之间的比例关系，焊机生产厂家已事先做在焊机内部，焊机会根据送丝速度匹配相应的焊接电流
Travel speed （焊接速度）	在弧焊开始指令和弧焊结束指令期间示教焊接速度指令时，所设定的数值作为动作线速度使用
Delay Time （处理时间）	即焊接延时，指根据弧焊结束指令所执行的弧坑处理的时间（s）。 弧焊开始指令中，该设定无效
Feedback Voltage （反馈值 电压）	将焊机所输出的焊接电压返送至控制装置，显示出当前焊接过程中的焊接电压（V）
Feedback Current （反馈值 电流）	将焊机所输出的焊接电流返送至控制装置，显示出当前焊接过程中的焊接电流（A）
溶敷解除	指定溶敷解除必要的参数：解除次数、解除电压、解除时间。 弧焊结束时，若发生溶敷（焊丝黏合在工件上），可通过自动溶敷解除功能，在短时间内稍微施加电压来熔断溶敷部位
焊接微调整	设置一次按键键操作对焊接电压、焊接电流、焊接速度的增减幅度

5.5　弧焊机器人系统工位布局

弧焊机器人系统的设计以焊接生产工艺的最佳化为目标，同时具备良好的安全性、方便的操作性及性能的可靠性。系统在注重标准化的同时，设计有不同的布局结构，可对应多种焊接工艺要求。

❋ 弧焊机器人系统工位布局

弧焊机器人系统工位布局通常具备以下特点：

（1）双工位系统，一工位进行焊接作业时，另一工位装卸件，可提高工作效率。

（2）具备多重安全防护功能以及故障诊断功能，安全性能高，便于维护。

（3）整套系统由若干模块组成，便于运输和安装以及车间布局，且方便物流。

（4）机械及电气设计符合人机学原理，操作方便。

（5）采用通用的夹具接口，实现夹具快速更换。

按照焊接工位的布局或运转形式，弧焊机器人系统通常分为 5 大类：V 型、H 型、一字型、水平回转型和垂直翻转型。

1. V 型

V 型布局充分考虑了操作方便性和维护方便性，适合大多数产品的焊接，如图 5.27 所示。如在汽车零部件焊接中，适合汽车座椅骨架、汽车车桥、仪表盘支架、副车架、后排座椅靠背、排气系统、汽车保险杠以及摩托车、电动车车架等各种产品。

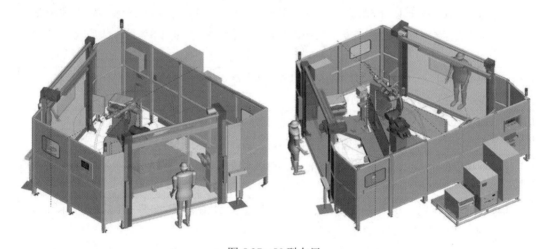

图 5.27　V 型布局

2. H 型

H 型工位布局与 V 型工位布局的特点类似，如图 5.28 所示，适合大多数产品的焊接。

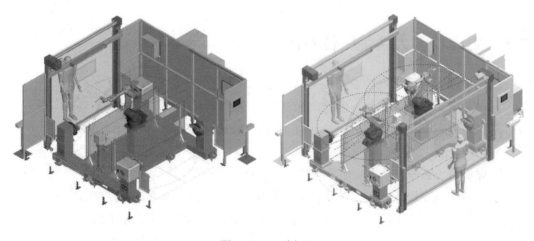

图 5.28　H 型布局

3. 一字型

一字型布局具有操作方便性和维护方便性的特点，适合大多数体积不太大、长度不太长的工件的焊接，如图 5.29 所示。

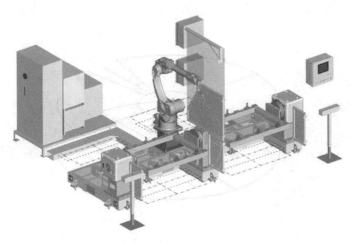

图 5.29　一字型布局

4. 水平回转型

水平回转型布局内的三轴水平回转变位机用于夹具回转和将两个夹具变换位置，其中用于工件焊接与装卸位置转换的水平回转机构，采用外部轴、伺服电机、交流变频电机驱动，通过齿轮副驱动工作台水平回转，回转范围为±180°，回转到位后由气动精确定位，保证焊接精度，如图 5.30 所示。该布局适合大多数体积不太大、长度不太长的工件的焊接。

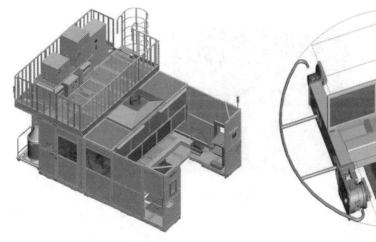
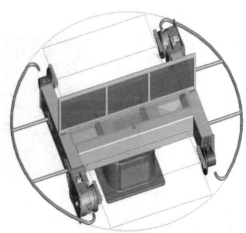

（a）整体布局　　　　　　　　　（b）三轴水平回转变位机

图 5.30　水平回转型布局

5. 垂直翻转型

垂直翻转型布局采用双持三轴垂直翻转变位机，可实现大轴垂直翻转±90°和小轴垂直翻转±180°，如图5.31所示。该布局通过特殊设计，可保证系统焊接的稳定性，且能够实现与机器人的协调工作，适合绝大多数体积不太大、长度较长的工件的焊接。

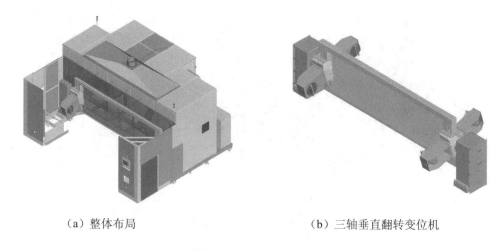

（a）整体布局 　　　　　　　　　　（b）三轴垂直翻转变位机

图5.31　垂直翻转型布局

5.6　弧焊作业流程

本节以T形接头平角焊为例，如图5.32所示，说明FANUC机器人弧焊作业流程。具体作业流程如图5.33所示。

图5.32　T形接头平角焊

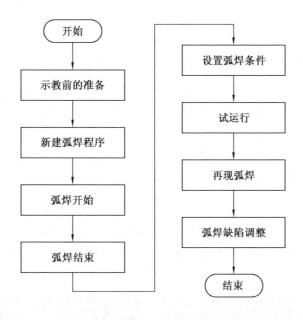

图 5.33　T 形接头平角焊作业流程

1. 示教前的准备

开始示教前，需要做如下准备：

（1）工件表面清理。使用物理或化学方式将工件表面的铁锈、油污等杂质清理干净。

（2）工件装夹。利用夹具将工件固定。

（3）安全确认。确认操作者自身和机器人之间保持安全距离。

（4）机器人原点确认。通过机器人机械臂各关节处的标记或调用原点程序复位机器人。

（5）弧焊软件设置。对于新的弧焊机器人系统而言，完成硬件安装后是无法立即正常使用的，需要配置正确的机器人弧焊软件参数，如图 5.34 所示。

（6）摆焊设置。根据实际需要，进行摆焊相关参数设置。

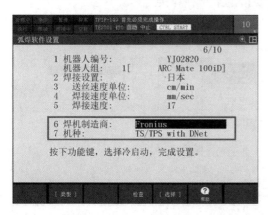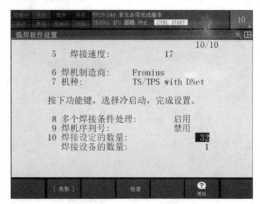

图 5.34　FANUC 机器人弧焊软件参数设置

2. 新建弧焊程序

点击示教器的相关菜单或按钮，新建一个弧焊程序。

3. 输入程序点

本例中的程序点包括机器人安全点、起弧过渡点、起弧接近点、起弧点、收弧点、收弧远离点、收弧过渡点。

在示教模式下，手动操纵机器人进行程序点位的示教，并记录保存。焊枪在各路径点移动时，要保证工件、夹具等互不干涉。

4. 设置弧焊条件

弧焊程序编写完成后，在起弧焊接前还要给弧焊机器人配置作业条件。本例中的FANUC弧焊机器人作业条件主要包括两方面：设置弧焊工艺模式和设置弧焊功能参数，如图5.35所示。

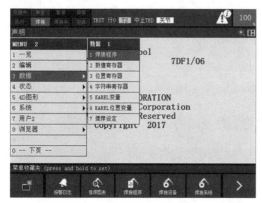

图5.35　FANUC机器人弧焊条件设置

（1）设置弧焊工艺模式。

不同品牌的弧焊电源，有不同的弧焊工艺模式，如协同模式、脉冲协同模式、JOB模式等，如图5.36所示。因此在弧焊程序中要指定某一种焊接工艺。

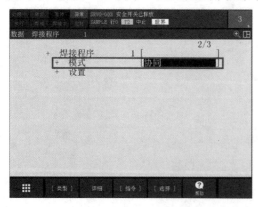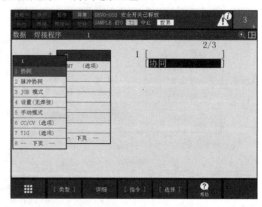

图5.36　FANUC机器人弧焊工艺模式设置

（2）设置弧焊功能参数。

设置合适的焊接电压、送丝速度、焊接速度、焊接延时等弧焊功能参数，如图 5.37 所示。FANUC 机器人的弧焊功能参数默认是 3 组，可以根据实际需求添加至 32 组。

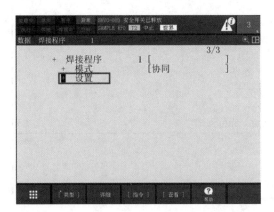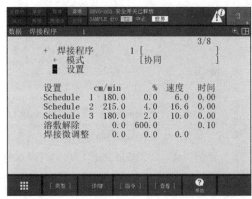

图 5.37　FANUC 机器人弧焊参数设置

5. 试运行

为确认示教的轨迹，需测试运行一下程序。测试时，因不执行具体作业命令，所以是空运行。确认机器人附近安全后，执行弧焊作业程序的测试运行。

注意：FANUC 机器人在起弧焊接时，其速度倍率必须为 100%，否则系统会报错。

6. 再现弧焊

轨迹经测试无误后，将模式切换为自动模式，开始进行实际焊接。在确认机器人的运动范围内没有其他人员或障碍物后，接通保护气体，实现自动弧焊作业。

7. 弧焊缺陷调整

根据弧焊实际效果检查焊接质量，对存在的缺陷进行原因分析，通过反复调整焊接参数达到最佳效果。

5.7　弧焊作业编程与调试

5.7.1　弧焊机器人编程

为了使弧焊机器人实现实际弧焊，还需要在机器人焊接路径上插入弧焊指令。

※ 弧焊作业编程与调试

1. 弧焊指令

（1）弧焊开始指令。

弧焊开始指令即起弧指令，该指令引导机器人开始弧焊，其格式见表 5.5。

表 5.5　弧焊开始指令

格式 1	Weld Start[WP,i] WP：焊接程序编号（1~99） i：焊接条件编号（1~32）
格式 2	Weld Start[WP,V,A]或 Weld Start[WP,V,cm/min] WP：焊接程序编号（1~99） V：焊接电压（V） A：焊接电流（A） cm/min：送丝速度（IPM,cm/min、mm/sec）
示例	Weld Start[1,1] Weld Start[1,20.0 V,180.0 A] Weld Start[2,18.5 V,200IPM]

（2）　弧焊结束指令。

弧焊结束指令即收弧指令，该指令引导机器人结束弧焊，其格式见表 5.6。

表 5.6　弧焊结束指令

格式 1	Weld End[WP,i] WP：焊接程序编号（1~99） i：焊接条件编号（1~32）
格式 2	Weld End[WP,V,A,sec]或 Weld Start[WP,V,cm/min,sec] WP：焊接程序编号（1~99） V：弧坑处理电压（V） A：弧坑处理电流（A） sec：弧坑处理时间（sec） cm/min：送丝速度（IPM,cm/min、mm/sec）
示例	Weld End[2,1] Weld End[1,16.0 V,140.0 A,0.15 sec] Weld End[2,18.5 V,200IPM,0 sec]

2. 弧焊编程

图 5.32 所示的 T 形接头平角焊的焊接路径如图 5.38 所示。此程序由编号 P1～P8 的 8 个程序点组成，每个程序点的用途说明见表 5.7。

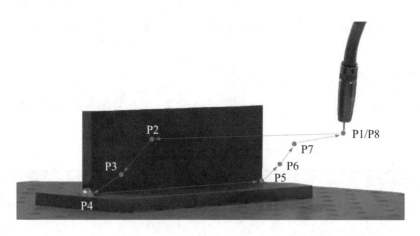

图 5.38　T 形接头平角焊的焊接路径

表 5.7　弧焊程序点说明

程序点	说明	程序点	说明
程序点 P1	机器人安全点	程序点 P5	收弧点
程序点 P2	起弧过渡点	程序点 P6	收弧远离点
程序点 P3	起弧接近点	程序点 P7	收弧过渡点
程序点 P4	起弧点	程序点 P8	机器人安全点

对应的弧焊程序如下：

```
1：J P[1] 40% FINE              //机器人安全点 P1
2：J P[2] 100% CNT100           //起弧过渡点 P2
3：L P[3] 100mm/sec CNT100      //起弧接近点 P3
4：L P[4] 40mm/sec FINE         //起弧点 P4，采用 1 号焊接程序和 1 号焊接条件起弧焊接
   :Weld Start [1,1]
5：L P[5] 10mm/sec FINE         //收弧点 P5，采用 1 号焊接程序和 1 号焊接条件收弧处理
   :Weld End[1,1]
6：L P[6] 100mm/sec FINE        //收弧远离点 P6
7：J P[7] 100% CNT100           //收弧过渡点 P7
8：J P[1] 40% FINE              //回至机器人安全点 P8（与 P1 位置相同）
   [END]                       //弧焊程序结束
```

需要注意的事项有：

（1）在焊接起弧点前需设置一个起弧接近点，该接近点与起弧点的运动姿态相同，且两点的距离不超过 30 mm，该点为关节运动。

（2）起弧点应设置在合适的位置，并且焊枪具有良好的焊接角度（本例中为 45°，即焊丝轴线应与水平面成 45°），以关节运动形式和 FINE 的终止方式到达起弧点。

（3）以 FINE 的终止方式到达收弧点收弧，且在焊接过程中不可使用关节运动形式焊接路径点。

5.7.2 弧焊作业调试

以图 5.31 所示的 T 形接头平角焊为例，分析常见焊接缺陷形成的原因及解决方法，见表 5.8。

表 5.8 常见焊接缺陷形成原因及解决方法

焊接缺陷	形成原因	解决方法
裂纹：焊缝中原子结合遭到破坏，形成新的界面而产生的缝隙	1. 焊缝深度比太大	增大电弧电压或减小焊接电流以加宽焊道而减小熔深
	2. 焊道太窄	减慢焊接速度以加大焊道的横断面
	3. 焊缝末端处的弧坑冷却过快	（1）采用衰减控制以减小冷却速度； （2）适当地填充弧坑； （3）在盖面焊道采用分段退焊技术，一直到焊缝结束
气孔：焊接熔池中的 H_2、N_2、CO 等气体来不及逸出而停留在焊缝中产生的孔穴	1. 保护气体覆盖不足	（1）增加保护气体流量，排除焊缝区的全部空气； （2）减小保护气体的流程，以防止卷入空气； （3）清除气体喷嘴内的飞溅； （4）避免周边环境的空气流过大，破坏气体保护； （5）降低焊接速度； （6）减小喷嘴到工件的距离； （7）焊接结束时应在熔池凝固之后再移开焊枪喷嘴
	2. 焊丝的污染	（1）采用清洁而干燥的焊丝； （2）清除焊丝在送丝装置中或导丝管中黏附上的润滑剂
	3. 工件的污染	（1）在焊接之前清除工件表面上的全部油脂、锈、油漆和尘土； （2）采用含脱氧剂的焊丝
	4. 电弧电压太高	减小电弧电压
	5. 喷嘴与工件距离太大	减小焊丝的伸出长度

续表 5.8

焊接缺陷	形成原因	解决方法
咬边：焊缝边缘的母材上出现被电弧烧熔的凹陷或沟槽 咬边	1. 焊接速度太高	减慢焊接速度
	2. 电弧电压太高	降低电压
	3. 焊接电流过大	减慢送丝速度
	4. 停留时间不足	增加在熔池边缘的停留时间
	5. 焊枪角度不正确	改变焊枪角度使电弧力推动金属流动
虚焊：焊接界面没有充分融合的状态 虚焊	1. 焊接条件不适合	加大输入热量,调整焊接电流和焊接速度,选择合适的焊枪角度
	2. 焊接表面不清洁	去除锈、油、水、灰尘等脏物
焊瘤：突出于焊趾或焊缝根部的焊接金属与母材之间未熔合而重叠的部分 焊瘤	1. 焊接电流过大	（1）设定较低的焊接电流,或设定合适的电压或稍高的电压; （2）适当提高焊接速度
	2. 焊丝尖端点位置不合适,焊丝指向过于朝向底板	焊丝指向移向焊缝方向
	3. 焊枪角度不合适,焊枪与水平方向的倾角过大	（1）焊枪角度为 40°～45°; （2）行走角度为 80°～90°
驼峰：焊缝表面有凸出部分,向上立焊或向下倾斜焊时常见 驼峰	1. 焊接电流过大	选取合适的焊接电流
	2. 焊接电压过低	选取合适的电压或稍高的电压
	3. 焊接速度太慢或太快	增大或减小焊接速度
塌陷：焊缝表面有凹下部分,向上立焊或向下倾斜焊时常见 塌陷	1. 焊接电压过高	选取合适的电压或稍高的电压
	2. 焊接速度太快	降低焊接速度

思考题

1. 根据选用焊接工艺方法的不同，弧焊机器人系统主要分为哪几种类型？
2. 在熔化极气体保护焊中采用的消耗材料有哪些？
3. 一般而言，弧焊机器人进行焊接作业时主要有哪几种基本的动作形式？
4. 简述弧焊机器人的特点。
5. 弧焊机器人系统由哪几个部分组成？其周边配套设备主要包括哪些？
6. 简述焊枪的分类。
7. 简述送丝机的分类。
8. 变位机的主要作用是什么？按照结构形式，焊接变位机可分为哪几种？
9. 焊枪的选型依据什么？
10. 简述焊接变位机选型原则。
11. 按照焊接工位的布局或运转形式，弧焊机器人系统通常分为哪几大类？
12. 请简述 T 形接头平角焊的作业流程。

第6章　点焊机器人技术与应用

点焊是电阻焊的一种。所谓电阻焊是指通过焊接设备的电极施加压力并在接通电源时，在工件接触点及邻近区域产生电阻热并加热工件，在外力作用下完成工件的连结。因此点焊比较适用于薄板焊接，如汽车车身焊接、车门框架定位焊接等。点焊广泛应用于汽车、土木建筑、家电产品、电子产品和铁路机车等相关领域。

6.1　机器人点焊技术概述

6.1.1　点焊原理

点焊时，由于工件间接触处电阻较大，所以当通过足够大的电流时，在工件的接触处会产生较大的电阻热，将中心最热区域的金属块很快加热至高塑性或融化状态，形成一个透镜形的液态熔核，熔化区温度由内到外逐级降低。断电后继续保持压力或加大压力，使熔核在压力下凝固结晶，形成组织致密的焊点，如图 6.1 所示。

※　机器人点焊技术概述

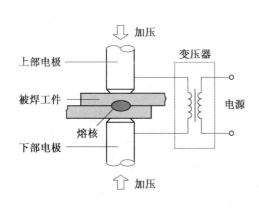

（a）点焊基本原理图

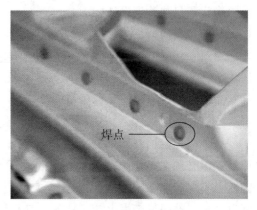

（b）点焊实际效果图

图 6.1　点焊原理及实际效果

通常点焊工艺有 4 个过程：预压、焊接、维持（锻压）和休止，如图 6.2 所示。每个循环均以周波计算时间。

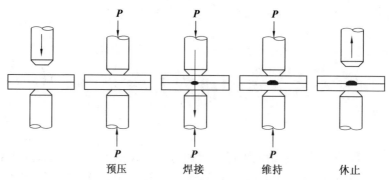

图 6.2　点焊工艺过程

（1）预压阶段。

预压阶段是指由电极开始下降到焊接电流开始接通之间的时间，这一时间是为了确保在通电之前电极压紧工件，并使工件间有适当的压力，为焊接电流顺利通过做好必要的准备。预压时采用锥形电极并选择合适的锥角，效果较好。预压力的大小及预压时间应根据板料性质、厚度、表面状态等条件进行选择。

（2）焊接阶段。

焊接阶段是指焊接电流通过工件并产生熔核的时间，是整个焊接循环中最关键的阶段。

通电加热时，在两焊件接触面的中心处形成椭圆形熔核，与此同时其周围金属达到塑性温度区，在电极压力的作用下形成将液态金属核心紧紧包围的塑性环。塑性环可以防止液态金属在加热和压力的作用下向板缝中间飞溅，并避免外界空气对高温液态金属的侵袭。在加热和散热这一对矛盾的不断作用下，焊接区温度场不断向外扩展，直至熔核的形状和尺寸达到设计要求。

（3）维持阶段。

当建立起必要的温度场，得到符合要求的熔化核心后，焊接电流切断，电极继续加压，熔核开始冷却结晶，形成具有足够强度的点焊焊点，这一阶段称为维持阶段，或冷却结晶阶段。这段时间又称维持时间。

（4）休止阶段。

从电极开始抬起到电极再次开始下降，准备下一个焊点，这段时间称为休止时间。通电焊接必须在电极压力达到工艺要求后进行，否则可能因为压力过低而产生飞溅，或因压力不均匀而影响加热，造成焊点质量波动。电极抬起必须在电流全部切断之后，否则电极与工件间将产生火花、拉弧，甚至烧穿工件。

6.1.2　点焊分类

按照对工件焊点的通电方向，点焊通常分为两大类：双面点焊和单面点焊，如图6.3所示。

1. 双面点焊

双面点焊的两电极位于工件的两侧，电流通过工件的两侧形成焊点，是点焊机器人通常采用的焊接方法。

2. 单面点焊

单面点焊的两电极位于工件的一侧，用于电极难以从工件两侧接近工件，或工件一侧要求压痕较浅的场合。

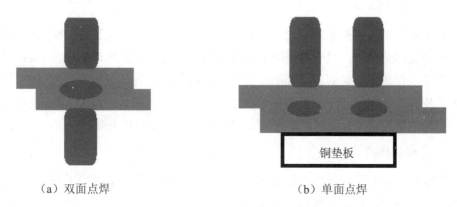

（a）双面点焊　　　　　　　　　（b）单面点焊

图 6.3　点焊分类

6.1.3　点焊条件

焊接电流、通电时间以及电极加压力被称为电阻焊接的三大条件。在电阻焊接中，这些条件互相作用，具有非常紧密的联系。

1. 焊接电流

焊接电流是指点焊控制器中的变压器二次回路中流向焊接母材的电流。在其他参数不变时，当焊接电流小于某值时，熔核不能形成。超过此值后，随着焊接电流增加熔核快速增大，如图 6.4 所示的焊接强度上升段（AB 段）；而后因散热量的增大，熔核增长速度减缓，焊点强度增加缓慢（BC 段）。若进一步增大电流会发生熔核飞溅出来、电极黏结在母材上等故障现象，导致焊点强度下降。此外，也会导致熔接部位变形过大。

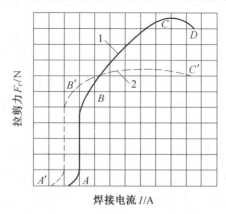

图 6.4　电流（I）与拉剪力（F_τ）的关系

1—厚 1.6 mm 以上的板；2—厚 1.6 mm 以下的板

由于点焊时接近 C 点处，故抗剪强度增加缓慢；越过 C 点后，产生飞溅或工件表面压痕过深现象，抗剪强度会明显降低。所以一般建议选用对熔核直径变化不敏感的适中电流（BC 段）来焊接。

2. 通电时间

通电时间是指焊接电流导通的时间。通电时间的长短直接影响热输入的大小。在其他参数固定的情况下，只有通电时间超过某最小值时才开始出现熔核，而后随时间的增长，熔核快速增大，拉剪力亦提高。当选用的电流适中时，进一步增加通电时间，但熔核增长变慢，渐趋恒定。如果加热时间过长，则组织变差、正拉力下降，塑性指标随之下降。当选用的电流较大时，熔核长大到一定极限后会产生飞溅。

3. 电极加压力

电极加压力是指加载在焊接母材上的压力。电极加压力既起到了确定接合位置的夹具的作用，同时电极本身也起到了保证导通稳定焊接电流的作用。此外，还具备冷却后的锻压效果以及防止内部开裂等作用。在设定电极加压力时，有时会采用在通电前预压、在通电过程中减压、然后在通电末期再次增压等特殊方式。

加压力的具体作用包括：破坏表面氧化污物层、保持良好接触电阻、提供压力促进焊件熔合、热熔时形成塑性环、防止周围气体侵入、防止液态熔核金属沿板缝向外喷溅。

此外，还有一个影响熔核直径大小的条件，那就是电极顶端直径。电流值固定不变时，电极顶端直径（面积）越大，电流的密度则越小，在相同时间内可以形成的熔核直径也就越小。好的焊接条件是指选择合适的焊接电流、通电时间以便能够形成与电极顶端直径相同的熔核。此外，焊接母材的板材厚度组合在某种程度上也决定了熔核直径的大小。因此，只要板材厚度的组合确定了，则将要使用的电极顶端直径也就确定了，相关的电极加压力、焊接电流以及通电时间的组合也可以确定了。如果想要形成比板材厚度还大的熔核，则需要选择更大顶端面积的电极，当然同时还需要使用较大的焊接电流以保证所需的电流密度。

6.1.4 点焊电极

点焊电极是保证点焊质量的重要零件，它的主要功能有：向工件传导电流、向工件传递压力、迅速导散焊接区的热量。

1. 电极形式

点焊电极由 4 部分组成：端部、主体、尾部和冷却水孔。常用的点焊电极形式有 5 种：标准直电极、弯电极、帽式电极、螺纹电极和复合电极，如图 6.5 所示。

电极的端面直接与高温的工作表面相接触，在焊接过程中反复承受高温和高压。为了满足特殊形状工件点焊的要求，有时需要设计特殊形状的电极，如弯电极。有时为了减少成本高昂的铜合金的消耗，常采用帽状电极，当电极磨损之后，更换电极帽即可。

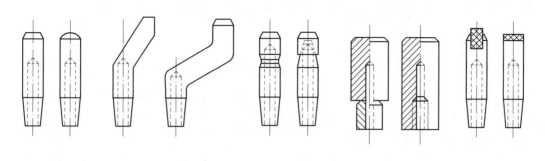

（a）标准直电极　　　（b）弯电极　　　（c）帽式电极　　　（d）螺纹电极　　　（e）复合电极

图 6.5　点焊电极常用形式

2. 电极材料

基于电极的功能要求，制造电极的材料应具有足够高的电导率、导热率和高温硬度，电极的结构必须具有足够的强度和刚度，以及充分冷却的条件。此外，电极与工件间的接触电阻应足够低，以防工件表面熔化或电极与工件表面之间的合金化。

电极材料按我国机械行业标准《电阻焊电极和附件用材料》（JB/T 4281—1999/ISO 5182:1991（E））分为两组：A 组为铜和铜合金，B 组为烧结材料。其中 A 组分为 4 类，但常用的是前三类。

（1）1 类。

高电导率、中等硬度的铜及铜合金。这类材料主要通过冷作变形方法达到其硬度要求，适用于铝及铝合金的焊接，也可用于镀层钢板的点焊，但性能不如 2 类合金，见表 6.1。1 类合金还常用于制造不受力或低应力的导电部件。

表 6.1　电极常见材料性能

材料	名称	品种	材料性能			
			硬度		电导率	软化温度
			HV30 kg	HRB	/（MS·m^{-1}）	/℃
			不小于			
CuCrNb	铬铌铜	冷拔棒锻件	85	53	56	150
CuCrZrNb	铬锆铌铜	冷拔棒锻件	90	53	45	250
CuCo$_2$CrSi	钴铬硅铜	冷拔棒锻件	183	90	26	600

（2）2 类。

电导率较高（低于 1 类）、硬度较高（高于 1 类）合金。这类合金可通过冷作变形与热处理相结合的方法达到其性能要求。与 1 类合金相比，它具有较高的力学性能，适中的电导率，在中等程度的压力下，它具有较强的抗变形能力，因此是最通用的电极材料，广泛用于点焊低碳钢、低合金钢、不锈钢、高温合金、电导率低的铜合金，以及镀层钢等。

（3）3 类。

电导率较低（低于 1 类、2 类）、硬度高（高于 1 类、2 类）的合金。这类合金可通过热处理或冷作变形与热处理相结合的方法达到其性能要求。这类合金具有更高的力学性能，耐磨性好，软化温度高，但电导率较低，因此适用于点焊电阻率和高温强度高的材料，如不锈钢、高温合金等。

而 B 级材料的电导率较低、硬度较高、软化温度高，可用作焊接导电率很高的铜基材料的镶嵌电极、黑色金属凸焊用镶嵌电极以及热铆和热镦锻用镶嵌电极。

6.2　点焊机器人系统组成

点焊机器人系统由 3 个部分组成：点焊机器人、末端执行器和周边配套设备，如图 6.6 所示。周边配套设备主要包括点焊控制器、供电系统、供气系统、供水系统、电极修磨机、点焊压力检测仪和电流检测仪等。

❈　点焊机器人系统组成

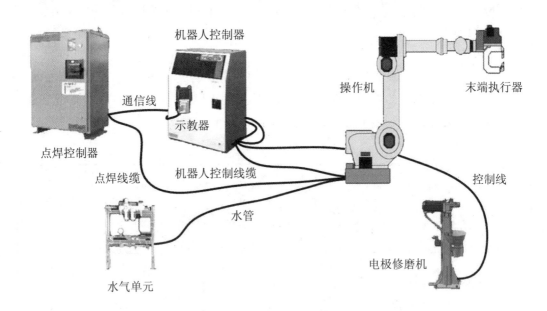

图 6.6　点焊机器人系统组成

6.2.1　点焊机器人

在机器人焊接应用领域中，最早出现的便是点焊机器人，用于汽车装配生产线上的电阻点焊，如图 6.7 所示。

图 6.7　点焊机器人作业

点焊机器人应具备的基本功能有：

（1）动作平稳、定位精度高。

相对弧焊机器人而言，点焊对所用的机器人要求不高。因为点焊只需要点位控制，焊钳在点与点之间的移动轨迹没有严格要求，这也是机器人最早只能用于点焊的原因。点焊用机器人不仅要有足够的负载能力，而且在点与点之间移动速度要快捷，动作要平稳，定位要准确，以减少移位的时间，提高工作效率。

（2）移动速度快、负载能力强和动作范围大。

点焊机器人的负载能力要求高，其负载能力取决于所用的焊钳形式。考虑到机器人要有足够的负载能力，能以较大的加速度将焊钳送到设定的空间位置进行焊接，一般都选用 100～165 kg 负载的重型机器人，以适应连续点焊时焊钳短距离快速移位的要求。

另外，点焊机器人在点焊作业过程中，要保证焊钳能自由移动，可以灵活变动姿态，同时电缆不能与周边设备产生干涉。点焊机器人还具有报警系统，如果在示教过程中操作者有错误操作或者在再现作业过程中出现某种故障，点焊机器人的控制器会发出警报，自动停机，并显示错误或故障的类型。

6.2.2　末端执行器

点焊机器人的末端执行器为焊钳，对机器人的使用有很大的约束力。焊钳是将点焊用的电极、焊枪架和加压装置等紧凑汇总的焊接装置。

1. 焊钳分类

点焊机器人的焊钳种类较多，目前主要分类如下：

（1）焊钳从用途上可分为 2 种：X 形焊钳和 C 形焊钳，如图 6.8（a）和图 6.8（b）所示。X 形焊钳主要用于点焊水平及近于水平位置的焊点，电极做旋转运动，其运动轨迹为圆弧；C 形焊钳用于点焊垂直及近于垂直位置的焊点，电极做直线往复运动。

（2）按电极臂加压的驱动方式，焊钳可分为气动焊钳和伺服焊钳，如图 6.8（c）和图 6.8（d）所示。气动焊钳是利用气缸压缩空气驱动气缸活塞，然后由活塞的连杆驱动相应的传动机构带动两电极闭合或张开，电极压力经调定后是不能随意变化的；而伺服焊钳是采用伺服电机驱动来完成电极张开和闭合，其张开度可随实际需要任意设定并预置，且电极间的压紧力可实现无级调节。

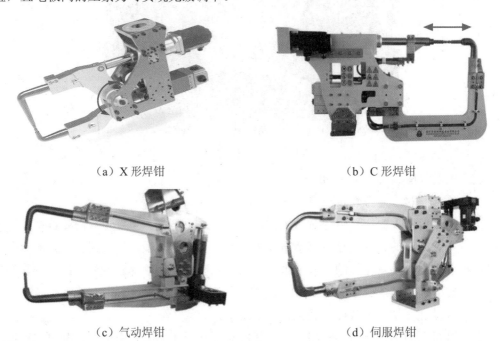

（a）X 形焊钳 　　　　　　　　　　　　（b）C 形焊钳

（c）气动焊钳 　　　　　　　　　　　　（d）伺服焊钳

图 6.8　焊钳的分类

（3）按焊钳的行程，焊钳可分为单行程焊钳和双行程焊钳，如图 6.9 所示。双行程焊钳通常具有 2 个行程，能够使电极完成大开、小开和闭合 3 个动作，如图 6.10 所示；而单行程焊钳只有 1 个行程，没有大开动作。

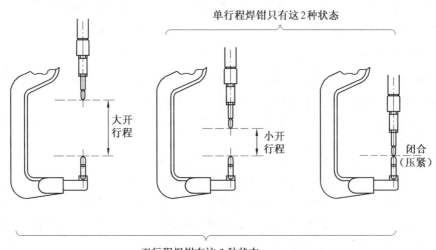

图 6.9　单行程与双行程焊钳

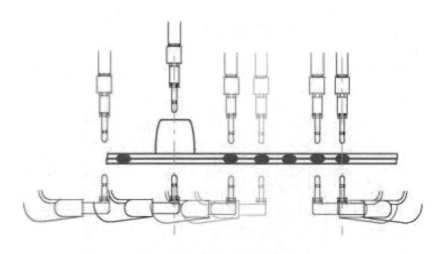

小开→大开→小开切换

图 6.10　双行程焊钳工作示意图

2. 焊钳结构

无论是 C 形还是 X 形，点焊机器人焊钳的结构通常可分为：电极部分、焊臂、变压器、电极驱动装置、支架、浮动机构等，如图 6.11 所示。

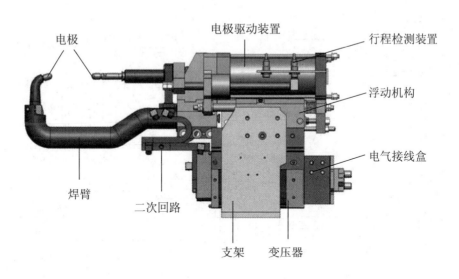

图 6.11　焊钳结构

3. 焊钳安装形式

焊钳的安装形式有 2 种：B 型和 U 型，如图 6.12 所示。针对不同的焊接位置及焊接要求，选择相应的安装形式。焊钳的喉深与喉宽的乘积称为通电面积，该面积越大，焊接时产生的电感越强，电流输出越困难，这时通常需要使用较大功率的变压器，或采用逆变变压器进行电流输出。

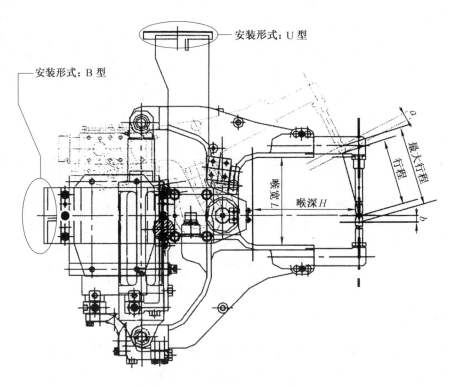

（a）X 形焊钳

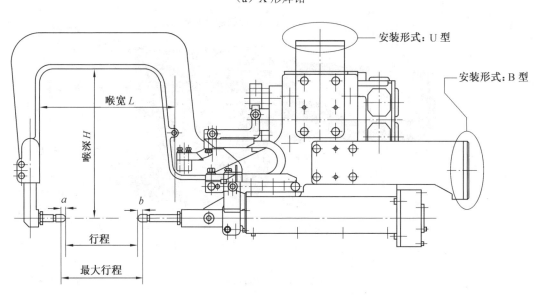

（b）C 形焊钳

图 6.12　焊钳的安装形式和关键参数

注：a，b 是由于电极而造成的行程需求量，最大行程除 $a+b$ 外，还包括电极柄挠曲而造成的需求增量。

4. 机器人与焊钳连接

在选用伺服焊钳时,U 臂的安装电缆及水管与焊钳上对应部分的连接如图 6.13 所示。在对点焊机器人手腕部分进行管线连接时,应确保接头的位置不影响机器人的动作,在机器人动作时应确保电缆充分自由,不会受到挤压、拉伸及磨蹭等。水管的连接要做到不泄漏、不影响焊钳的加压、不与夹具等周围设备发生摩擦。在管线连接完成后,对裸露的电缆及水管进行保护,确保不会受到焊接飞溅造成的伤害。

机器人运行过程中,焊钳的姿态转换非常频繁且速度很快,电缆的扭曲非常严重,为了保证所有连接的可靠性及安全性,一定要采取以下措施:

(1)所有接头,尤其是焊接变压器动力电缆接头一定要通过固定板与点焊钳紧固在一起,并且保证电缆有足够的活动余量,确保不会因焊钳姿态变换时电缆的扭转造成接头的松动,否则会引起接头的严重损坏及重大事故发生。

(2)调试人员在示教时,应反复推敲机器人的姿态,力争使焊钳在姿态变换时过渡自然,避免电缆的过分拉伸及扭转。

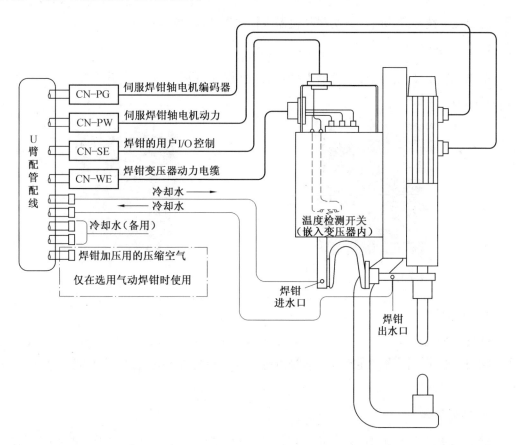

图 6.13　U 臂的安装电缆及水管与焊钳上对应部分的安装

121

6.2.3　周边配套设备

点焊机器人系统的周边配套设备主要包括点焊控制器、供电系统、供气系统、供水系统、电极修磨机、点焊压力检测仪和电流检测仪，用以辅助点焊机器人系统完成整个点焊作业。

1. 点焊控制器

点焊控制器是一种用于合理控制时间、电流、加压力这三大焊接条件的装置，综合了机械的各种动作控制、时间控制以及电流调整的功能，如图 6.14 所示。

点焊控制器的工作原理是：检测输入焊件的二次电流、二次电压，以及焊件金属熔化状态的阻抗变化值，再将检测数据反馈到机器人控制器中进行演算，输出最合适的焊接电流，并对每点的焊接电流进行记忆储存，为下一点的焊接参数设定提供参考。这种点焊控制器可以通过控制焊接过程中不产生飞溅来保证焊点质量，同时还可以对电极的前端尺寸进行自动管理。

点焊控制器的主要功能是完成点焊时的焊接参数输入、点焊程序控制、焊接电流控制，及焊接系统故障诊断，并实现与机器人控制器的通信联系。

2. 供电系统

供电系统主要包括电源和机器人变压器（如图 6.15 所示），其作用是为点焊机器人系统提供动力。

图 6.14　点焊控制器　　　　　　　　图 6.15　变压器

3. 供气系统

供气系统包括气源、水气单元、焊钳进气管等。其中，水气单元包括压力开关、电缆、阀门、管子、回路、连接器和接触点等，为点焊机器人提供水、气回路，如图 6.16 所示。

4. 供水系统

供水系统包括冷却水循环装置、焊钳冷水管、焊钳回水管等。由于点焊是低压大电流焊接，在焊接过程中，导体会产生大量的热量，所以焊钳、焊钳变压器需要用水冷却。冷却水循环装置如图 6.17 所示。

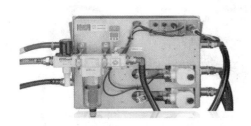
图 6.16　水气单元

图 6.17　冷却水循环装置

5. 电极修磨机

电极修磨机又称电极修磨器，用于对点焊过程中磨损的电极进行打磨，以去除电极表面的污垢，如图 6.18 所示。

在点焊时，电极上通过的电流密度很大，再加上同时作用的较大加压力，电极表面就会出现变形，电极极易失去原有的形状，这样对焊核的大小就不能很好地控制。同时，由于电极在焊接过程中受到高温而与车身板件发生合金氧化反应，影响电极的导电性能，使得点焊时通电电流值不能得到很好的保证，可能出现虚焊、爆焊等不良焊接，为了消除这些不利因素对焊接质量的影响，必须使用电极修磨机定期对电极进行修磨。

电极出现以下情况应当进行修磨：

（1）电极边沿发毛或端面直径超过 8 mm。

（2）电极接触端直径小于 6 mm。

（3）电极面不平，有明显的凹坑或者锐利凸起。

（4）上下电极错位，修磨电极无法达到理想效果时，可以调整电极。

在点焊机器人系统中，通常使用的是自动修磨机，其工作原理是：当机器人点焊达到设定的焊点数量后，机器人会自动调用修磨程序；机器人控制焊钳电极移动到修磨机的修磨刀头两侧，将上下两电极夹紧，使上下电极同时接触修磨机的双面刀片，修磨机的刀头转过一定转数后，将上下电极端头切削出与刀片形状一致的端面。

6. 点焊压力检测仪

点焊压力检测仪用于焊钳的压力校正，如图 6.19 所示。在点焊中为了保证焊接质量，电极加压力是一个重要因素，需要对其进行定期测量。

7. 电流检测仪

电流检测仪既可以用于定期对点焊控制器的电流输出状况进行检测，又可以用来对点焊生产中所有的焊点进行实时电流监控，并可输出点焊时的电流输出状况，如图 6.20 所示。

图 6.18　电极修磨机　　　图 6.19　点焊压力检测仪　　　图 6.20　电流检测仪

6.3　点焊机器人系统选型

6.3.1　点焊机器人选型

点焊机器人的选择依据有：

（1）必须使点焊机器人实际可达到的工作空间大于焊接所需的工作空间。焊接所需的工作空间由焊点位置及焊点数量确定。

（2）点焊速度与生产线速度必须匹配。首先由生产线速度及待焊点数确定单点工作时间，而机器人的单点焊接时间（含加压、通电、维持、移位等）必须小于此值，即点焊速度应大于或等于生产线的生产速度。

（3）应选内存容量大、示教功能全、控制精度高的点焊机器人。

（4）机器人要有足够的负载能力。点焊机器人需要有多大的负载能力，取决于所用的焊钳结构形式。

（5）点焊机器人应具有与焊机通信的接口。如果组成由多台点焊机器人构成的柔性点焊焊接生产系统，点焊机器人还应具有网络通信接口。

（6）需采用多台机器人时，应研究是否采用多种型号，以及与多点焊机和简易直角坐标机器人并用等问题。当机器人间隔较小时，应注意动作顺序的安排，可通过机器人群控或相互间连锁作用避免干涉。

6.3.2　焊钳选型

机器人点焊钳必须与点焊工件所要求的焊接规范相适应，基本原则是：

（1）根据工件的材质和板厚，确定焊钳电极的最大短路电流和最大加压力。

（2）根据工件的形状和焊点在工件上的位置，确定焊钳钳体的喉深、喉宽、电极握杆、大行程和工作行程等。

（3）综合工件上所有焊点的位置分布情况，确定选择何种焊钳，有四种焊钳比较常用，即 C 形单行程焊钳、C 形双行程焊钳、X 形单行程焊钳和 X 形双行程焊钳。根据工件的位置尺寸和焊接位置，选择大开焊钳或小开焊钳。根据工艺要求选择单行程或双行程。

（4）焊钳的通电面积=喉深×喉宽，如图 6.21 所示。该面积越大，焊接时产生的电感越强，电流输出越困难。这时，通常要使用较大功率的变压器，或采用逆变式变压器进行电流输出。

（5）根据电极磨损情况选择焊钳尺寸，如图 6.22 所示。

（6）在满足以上条件的情况下，尽可能地减小焊钳的质量。对机器人点焊而言，可以选择低负载的机器人，以提高生产效率。

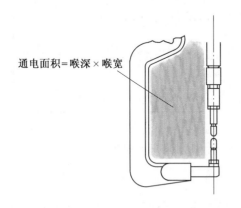 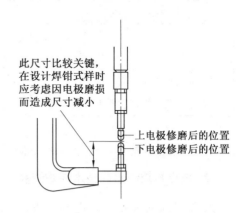

图 6.21　焊钳的通电面积　　　　　　　　图 6.22　焊钳尺寸的选择要点

6.3.3　点焊控制器选型

1. 按焊接材料选择

（1）黑色金属工件的焊接。

黑色金属工件的焊接一般选用交流点焊控制器。交流点焊控制器是采用交流电放电焊接，特别适合电阻值较大的材料，同时交流点焊控制器可通过运用单脉冲信号、多脉冲信号、周波、时间、电压、电流、程序等各项控制方法，对被焊工件实施单点、双点连续、自动控制、人为控制焊接，适用于钨、铂、铁、镍、不锈钢等多种金属的片、棒、丝料的焊接。

交流点焊控制器的优缺点见表 6.2。

表 6.2　交流点焊控制器优缺点

优　点	缺　点
① 综合效益较好，性价比较高； ② 焊接条件范围大； ③ 焊接回路小型、轻量化； ④ 可以广泛点焊异种金属	① 受电网电压波动影响较大，即交流点焊控制器焊接电流会随电网电压波动而波动，从而影响焊接的一致性； ② 交流点焊控制器焊接放电时间最短通常为 1/2 周波，即 0.01 s，不适合一些特殊合金材料的高标准焊接

（2）有色金属工件的焊接。

有色金属工件的焊接一般选用储能点焊控制器。因为储能点焊控制器是利用储能电容放电焊接，具有对电网冲击小、焊接电流集中、释放速度快、穿透力强、热影响区域小等特点，广泛适用于银、铜、铝、不锈钢等各类金属的片、棒、丝的焊接加工。

储能点焊控制器的优缺点见表6.3。

表 6.3　储能点焊控制器优缺点

优　　点	缺　　点
① 电流输出更精确、稳定，效率更高； ② 焊接热影响区更小； ③ 较交流点焊控制器更节约电能	① 设备造价较高； ② 焊接放电时间受储能和焊接变压器影响，设备定型后，放电时间不可调整； ③ 放电电容经过长期使用会自动衰减，需要更换

（3）需要高精度高标准焊接的特殊合金材料可选择中频递变点焊机。

2. 按点焊控制器的技术参数选择

（1）电源额定电压、电网频率、一次电流、焊接电流、短路电流、连续焊接电流和额定功率。

（2）最大、最小及额定电极压力或顶锻压力、夹紧力。

（3）额定最大、最小臂伸和臂间开度。

（4）短路时的最大功率及最大允许功率，额定级数下的短路功率因数。

（5）冷却水及压缩空气耗量。

（6）适用的焊件材料、厚度或断面尺寸。

（7）额定负载持续率。

（8）点焊控制器的质量、生产率、可靠性指标、寿命及噪声等。

6.4　点焊机器人系统参数

不同的点焊系统，其参数设置也是不一样的，本节以 FANUC 点焊机器人为例来介绍其相关参数。FANUC 点焊机器人系统参数包括点焊设备参数、点焊功能参数等。

6.4.1　点焊设备参数

在点焊系统基本配置画面上，设置焊钳开合、点焊计数器的寄存器编号等，见表6.4。

表 6.4　常见点焊设备参数及说明

参数	说　　明
预先指定类型	此参数设置电极半开以及闭合值为时间还是距离 时间：以 ms 为单位进行设置，为标准值 距离：以 mm 为单位进行设置，仅限于直线动作
半开	此参数指定离焊接目标位置多少时（ms 或 mm）开始行程切换 距离有效的，仅限于直线动作的情形 标准值：300；范围：0～10 000
闭合	此参数指定离焊接目标位置多少时（ms 或 mm）开始焊钳加压 距离有效的，仅限于直线动作的情形 标准值：150；范围：0～10 000
打开时间	此参数指定在焊钳结束焊接后向下一个位置移动前，开启焊钳所需的延迟时间 标准值：0；范围：0～10 000 ms
全开焊钳时间	此参数设置向下一个位置移动前，使行程从半开到全开的延迟时间 标准值：0；范围：0～10 000 ms
焊接延迟时间	此参数指定从到达焊接位置起到开始焊接为止的延迟时间，单位为 ms 若是伺服焊钳则为从到达目标加压力起到开始焊接为止的延迟时间
焊点计数	此参数指定点焊计数器用的寄存器编号 作为由焊钳 1 所执行的所有点焊的计数器来使用，同时包含测试运行中所进行的焊接以及手动焊接 双焊钳的情形下，可以对焊钳 1 和焊钳 2 分别进行设置
电极修磨	此参数指定电极修磨计数器的寄存器编号。寄存器值的更新，需要在电极修磨用程序内更新 标准值：0；范围：0～200
要求修磨的焊接点数	此参数指定到电极修磨之前的焊接次数。此值用于生产监控画面中焊接次数的图形显示
开枪压力	此参数指定相对阀压力信号的打开电极时的压力
行程压力	此参数指定相对阀压力信号的打开电极后的压力

6.4.2　点焊功能参数

在点焊功能设置画面中，进行各功能启用/禁用的设置，见表 6.5。

表 6.5　点焊功能设置

参数	说　明
自动焊接再试	是否将自动焊接再试功能设置为启用 在检测出异常报警、焊接处理中超时、焊接完成超时信号的情况下，执行自动焊接再试操作
再试数量	指定在自动焊接再试时再试多少次
试焊总数数值寄存器	设置用来保存再试次数的寄存器编号
加压时动作禁止	设置在气动焊钳加压时是否进行点动动作和单步动作

6.5　点焊作业流程

以图 6.23 所示焊件（两层相同板厚的普通钢材，每层厚度为 2 mm）为例，说明 FANUC 机器人采用伺服焊钳点焊的作业流程。具体作业流程如图 6.24 所示。

※ 点焊作业流程

图 6.23　普通钢材点焊

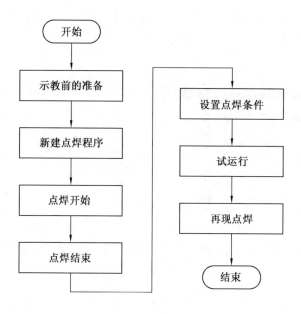

图 6.24 点焊作业流程

1. 示教前的准备

开始示教前，请做如下准备：

（1）工件表面清理。使用物理或化学方式将薄板表面的铁锈、油污等杂质清理干净。

（2）工件装夹。利用夹具将薄板固定。

（3）安全确认。确认操作者自身和机器人之间保持安全距离。

（4）机器人原点确认。通过机器人机械臂各关节处的标记或调用原点程序复位机器人。

（5）点焊软件设置。对于新的点焊机器人系统而言，为了使机器人能够使用和控制伺服焊钳作业，需要进行相关参数的配置。

①添加伺服焊钳轴。在机器人系统控制启动模式下，进行相关伺服焊钳轴的初始化设定，如电机类型、放大器编号、齿数比、最高速度、电极开启距离、最大压力等参数，这些参数可以从伺服焊钳的说明书或手册中查找确认。

②焊钳零点标定。切换至相应的轴运动组，压合电极杆，观察示教器中编码器值。上下电极头的距离为一张 A4 纸的间隙时，可设为零点。

③伺服焊钳参数调整。通过机器人将伺服焊钳移动至比较空旷的无干涉区域，利用机器人点焊软件功能包中的焊钳自动调整功能，通过焊钳的开闭动作调整内部的伺服参数，如时间常数、惯量、摩擦系数、弹簧系数、压力控制增益、接触速度等。

④伺服焊钳压力标定。利用压力计，设置伺服焊钳的压力值。所设置压力值是多次测量的平均值，需要注意的是其值不能超过最大压力值。

⑤点焊控制器 I/O 设置。配置机器人控制器与点焊控制器的通信参数，如点焊控制器的焊接开始、焊接有效、复位、焊接完成等，如图 6.25 所示。

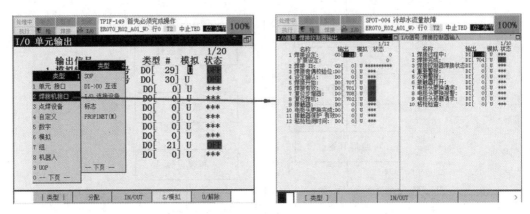

图 6.25　点焊控制器 I/O 设置

⑥点焊设备 I/O 设置。配置点焊控制器与周边设备（如水气单元）的通信信号，如焊钳压力、冷却水流量等，如图 6.26 所示。

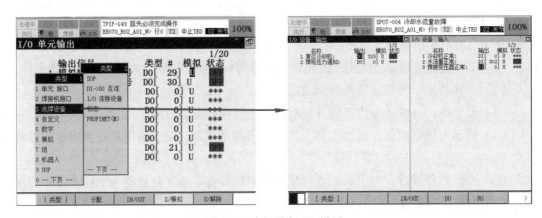

图 6.26　点焊设备 I/O 设置

（6）检查冷却水系统。确认冷却水系统循环已打开。

（7）电流、电压稳定性确认。

2. 新建点焊程序

点击示教器的相关菜单或按钮，新建一个点焊程序。

3. 输入程序点

本例中的程序点包括机器人安全点、点焊过渡点、点焊接近点、点焊作业点、点焊远离点。

在示教模式下，手动操纵机器人将焊钳的固定侧电极与焊件的一侧刚好贴合，进行程序点位的示教，并记录保存。焊钳在各路径点移动时，要保证焊件、夹具等互不干涉。

4. 设定点焊条件

点焊程序编写完成后，在点焊开始前还要给点焊机器人配置焊接条件。点焊时的焊接电源和焊接时间，需在点焊控制器上设定。设定方法可参照所使用的点焊控制器的说明书或技术手册。设定点焊条件设定好之后，使用相关指令调用焊接条件的编号即可。

5. 试运行

为确认示教的轨迹，需测试运行一下程序。测试时，因不执行具体作业命令，所以是空运行。确认机器人附近安全后，执行点焊程序的测试运行。

6. 再现点焊

轨迹经测试无误后，将模式切换为自动模式，开始进行实际焊接。在确认机器人的运动范围内没有其他人员或障碍物后，实现自动点焊作业。图 6.27 为焊钳示教再现过程。

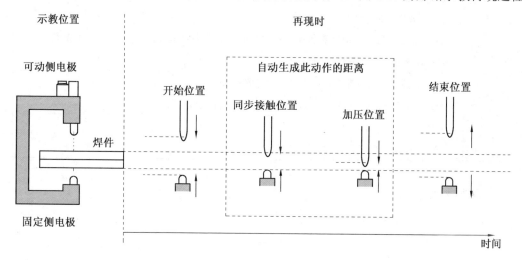

图 6.27　焊钳示教再现过程

7. 点焊缺陷调整

根据点焊实际效果检查焊接质量，对存在的缺陷进行原因分析，通过反复调整焊接参数达到最佳效果。

6.6　点焊作业编程与调试

6.6.1　点焊机器人编程

※　点焊作业编程与调试

在机器人点焊程序中，点焊指令是指示机器人什么时候、以什么方式进行焊接的指令。对于伺服焊钳而言，点焊指令就是通过程序指定伺服焊钳动作的指令。指定点焊焊钳的一连串动作（如加压、焊接和开枪）称为点焊工序。点焊指令除了执行一连串的动作和焊接处理外，还执行电极头磨损量补偿、焊钳挠曲补偿等过程。

FANUC 机器人的点焊指令有：SPOT 指令、加压动作指令、电极头修磨指令等。

1. SPOT 指令

SPOT 指令是向机器人发出点焊指示的指令，见表 6.6。

表 6.6　SPOT 指令

格式	SPOT[SD=m,P=n,t=i,S=j,ED=m] SD：焊钳电极头的开启量。点焊开始前，焊钳电极头打开指定的距离 m：电极头距离条件编号(1~99) P：加压条件。按所指定的加压条件对焊点加压 n：加压条件编号(1~99) t：焊件的厚度，范围为 0.0~999.9。按所指定的厚度对焊件加压，单位为 mm S：焊接条件。由机器人控制器向点焊控制器发送所指定的焊接条件 j：焊接条件编号(0~255) ED：结束位置焊钳电极头的开启量。点焊完成时，焊钳电极头打开至指定的距离 m：焊嘴距离条件编号(1~99)
说明	焊接条件需要在点焊控制器中事先设置调整好 SD、P、ED 的值需要在伺服焊钳数据画面中提前设置好
示例	L P[1] 100mm/sec CNT100 :SPOT[SD=1,P=1,T=1.0,S=1,ED=1]

2. 其他指令

常用的点焊其他指令包括加压动作指令、电极头修磨指令等。

（1）加压动作指令。

加压动作指令是进行加压动作而不进行焊接的指令，见表 6.7。该指令在动作完成后不执行焊接处理和焊钳打开操作。与点焊指令一样，当加压动作指令作为动作附加指令时，能进行电极头磨损量补偿和焊钳挠曲补偿。

表 6.7　加压动作指令

格式	PRESS_MOTN[SD=m,P=n,t=i] 其中，参数 SD、m、P、n、t、i 的含义参考 SPOT 指令
说明	加压动作指令可作为动作附加指令或单独指令执行。若作为动作附加指令，在加压顺序中，不仅可动侧电极头可以动作，固定侧电极头也可以动作
示例	L P[1] 100mm/sec FINE :Press_MOTN[SD=1,P=1,t=2.0] WAIT 2.00(sec) L P[2] 100mm/sec FINE

（2）电极头修磨指令。

电极头修磨指令是对电极头进行修磨时使用的指令，见表 6.8。该指令执行加压动作、修磨时间部分的加压、打开动作。

表 6.8　电极头修磨指令

格式	TIPDRESS[SD=m,P=n,t=i,TD=j,ED=m] TD：电极头修磨条件。可在电极头修磨设定画面上进行设置 j：电极头修磨条件编号（0~2） 其他参数的含义参考 SPOT 指令
说明	电极头修磨指令可执行动作附加指令或单独指令。若是动作附加指令，在加压顺序中，不仅可动侧电极头可以动作，固定侧电极头也可以动作
示例	L P[1] 100mm/sec FINE :TIPDRESS[SD=1,P=1,T=0.8,TD=1,ED=1]

3. 点焊编程

图 6.23 所示的普通钢材点焊路径如图 6.28 所示。此程序由编号 P1～P7 的 7 个程序点组成，每个程序点的用途说明见表 6.9。

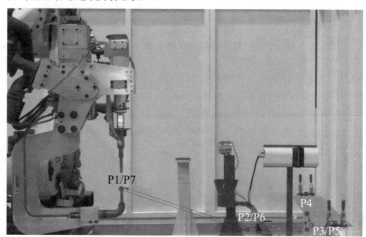

P1/P7
P4
P2/P6
P3/P5

图 6.28　普通钢材的点焊路径

表 6.9　点焊程序点说明

程序点	说明	焊钳动作	程序点	说明	焊钳动作
程序点 P1	机器人安全点	—	程序点 P5	点焊远离点	闭合→小开
程序点 P2	点焊过渡点	—	程序点 P6	点焊过渡点	小开→大开
程序点 P3	点焊接近点	大开→小开	程序点 P7	机器人安全点	—
程序点 P4	点焊作业点	小开→闭合	为提高效率，通常将程序点 P1 与 P7 设在同一位置		

对应的点焊程序如下：

```
1: J P[1] 40% FINE                    //机器人安全点 P1
2: J P[2] 100% CNT100                 //点焊过渡点 P2，调整焊钳姿态
3: L P[3] 100mm/sec CNT100            //点焊接近点 P3
4: L P[4] 100mm/sec CNT100            //点焊作业点 P4，采用 2 号焊接条件
   :SPOT[SD=2,P=1,T=1.5,S=1,ED=2]
5: L P[5] 100mm/sec CNT100            //点焊远离点 P5
6: L P[6] 100mm/sec FINE              //点焊过渡点 P6
7: J P[1] 40% FINE                    //回至机器人安全点 P7（与 P1 位置相同）
   [END]                              //点焊程序结束
```

6.6.2 点焊作业调试

1. 点焊工艺调试流程

点焊工艺参数调试主要包括电极压力、焊接电流、焊接时间等的调试，其调试流程如图 6.29 所示。

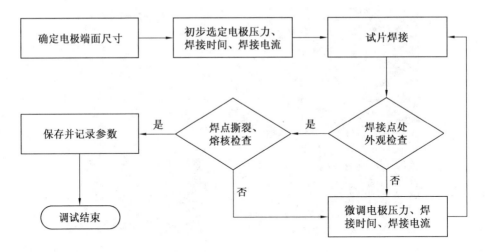

图 6.29　点焊工艺参数调试流程图

（1）确定电极端面尺寸。

修磨和检查电极端面尺寸，其端面尺寸需达到工艺要求。

（2）初步选定电极压力、焊接时间、焊接电流。

根据焊接材料的特性，查阅有关资料，初步选定电极压力、焊接时间和焊接电流。

（3）试片焊接。

选择与焊接工况相同的试片进行焊接，然后进行焊点撕裂试验。

（4）焊点外观质量检查。

查看焊点表面是否有缩孔、裂纹等焊点外观缺陷。若有，则焊点质量不合格。

（5）焊点撕裂、熔核检查。

在撕裂试片的一片有圆孔，另一片上有圆凸台，且凸台（熔核）尺寸满足工艺相关要求，则判定合格。可通过剪切的断口判断熔核直径是否满足相关要求，从而判定是否合格。

（6）保存并记录参数。

反复测试之后，将最终确定的点焊参数进行保存，并记录至机器人点焊系统中，供调用。

2. 参数调整

对两层相同板厚的普通钢材，在点焊过程中可能导致的缺陷原因及参数调整，可参考表6.10。

表6.10 点焊缺陷及其参数调整

缺陷类型		参数调整（与标准值比较）				
缺陷描述	示意图	焊接电流	焊接时间	电极间压力	预压时间	维持时间
压痕过深		增大	增大	减小	—	—
压痕颜色太明显		增大	增大	减小	—	减小
工件表面的飞溅		增大	—	减小	减小	减小
工件之间的飞溅		增大	增大	减小	减小	—
焊点过小		减小	减小	增大	减小	—
焊点开裂或有裂痕		增大	—	减小	减小	减小
焊点偏心		减小	—	增大	—	—
焊点附近板材开裂		—	—	增大	—	减小
电极变形过大		增大	增大	减小	—	—

思考题

1. 简述点焊的工作原理。
2. 通常点焊工艺有哪几个过程?
3. 按照对工件焊点的通电方向,点焊通常分为哪几大类?
4. 电阻焊接的三大条件是什么?
5. 点焊电极的主要功能是什么?
6. 点焊电极常见形式有哪些?
7. 点焊机器人系统由哪些部分组成?
8. 简述焊钳的分类。
9. 简述点焊控制器的工作原理。
10. 电极出现哪些情况应当进行修磨?
11. 简述点焊机器人选型依据。
12. 焊钳的通电面积指的是什么?

第7章 码垛机器人技术及应用

码垛技术是物流自动化技术领域的一门新兴技术。近年来，码垛技术特别是机器人码垛技术获得了前所未有的发展，机器人码垛机的柔性、处理速度以及抓取载荷在不断地升级，应用场合在不断地扩大。

7.1 机器人码垛应用概述

近年来，机器人码垛技术发展甚为迅猛，这种发展趋势是和当今制造领域出现的多品种、少批量的发展趋势相适应的。码垛机器人以其柔性工作能力和小占地面积，能够同时处理多种物料和码垛多个料垛，愈来愈受到广大用户的青睐，并迅速占领码垛市场，码垛机器人市场规模如图7.1所示。

※ 机器人码垛应用概述

码垛机器人工作能力强、适用范围大、占地空间小、灵活性高、成本低以及维护方便等多个方面的优势，使其应用渐为广泛，并成为一种发展趋势。目前码垛机器人已广泛应用于医药、石化、食品、家电以及农业等诸多领域，如图7.2所示。

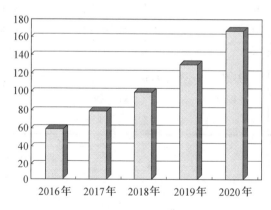

图7.1 码垛机器人市场规模（单位：亿元）

图7.2 码垛机器人应用

工业应用中，常见的机器人码垛方式有4种：重叠式、正反交错式、纵横交错式和旋转交错式，如图7.3所示。

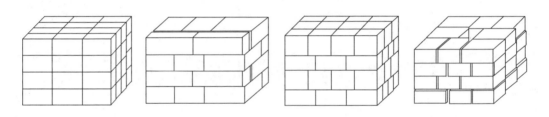

　（a）重叠式　　　（b）正反交错式　　　（c）纵横交错式　　　（d）旋转交错式

图 7.3　常见码垛方式

各码垛方式的说明及特点见表 7.1。

表 7.1　各码垛方式的说明及特点

码垛方式	说明	优点	缺点
重叠式	各层码放方式相同，上下对应，各层之间不交错堆码，是机械作业的主要形式之一，适用硬质整齐的物资包装	堆码简单，堆码时间短；承载能力大；托盘可以得到充分利用	不稳定，容易塌垛；堆码形式单一，美观程度低
正反交错式	同一层中，不同列的货物以90°垂直码放，而相邻两层之间相差180°。这种方式类似于建筑上的砌砖方式，相邻层之间不重缝	不同层间咬合强度较高，稳定性高，不易塌垛；美观程度高；托盘可以得到充分利用	堆码相对复杂，堆码时间相对加长；包装体之间相互挤压，下部容易压坏
纵横交错式	相邻两层货物的摆放互为90°，一层呈横向放置，另一层呈纵向放置，纵横交错堆码	堆码简单，堆码时间相对较短；托盘可以得到充分利用	不稳定，容易塌垛；堆码形式相对单一，美观程度相对低
旋转交错式	第一层中每两个相邻的包装体互为90°，相邻两层间码放又相差180°，这样相邻两层之间互相咬合交叉	稳定性高，不易塌垛；美观程度高	中间形成空穴，降低托盘利用效率；堆码相对复杂，堆码时间相对长

7.2　码垛机器人系统组成

码垛机器人系统由 3 部分组成：码垛机器人、末端执行器和周边配套设备，如图 7.4 所示。周边配套设备主要包括自动导引车、码垛栈板、倒袋机、整形机、金属检测机、重量复检机、自动剔除机、待码输送机、输送系统等。

图 7.4　码垛机器人系统组成

7.2.1　码垛机器人

码垛机器人是指能够把相同（或不同）外形尺寸的包装货物，整齐、自动地码成堆的机器人，它也可以将堆叠好的货物拆开。

常见的码垛机器人结构多为关节式码垛机器人和直角坐标式码垛机器人，如图 7.5 所示。

（1）关节式码垛机器人。

在实际码垛生产线中，常见的码垛机器人是 4 轴机器人且带有辅助连杆，以增加力矩和保持平衡，而 5 轴、6 轴码垛机器人使用相对较少。码垛机器人大多不能进行横向或纵向移动，主要用在物流线末端，其位置高度主要由生产线高度、托盘高度和码垛层数共同决定。

（2）直角坐标式码垛机器人。

直角坐标式码垛机器人主要由 X 轴、Y 轴和 Z 轴组成，多数采用模块化结构，可根据负载位置、大小等选择对应直线运动单元以及组合结构形式。如果在移动轴上添加旋转轴就成为 4 轴或 5 轴码垛机器人。此类机器人具有较高的强度和稳定性，负载能力大，可以搬运大物料、重吨位物件，且编程操作简单。

（a）关节式

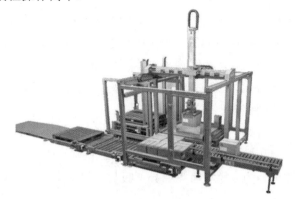

（b）直角坐标式

图 7.5　码垛机器人分类

码垛机器人的主要优点有：

（1）结构简单，操作方便，易于保养及维修。

（2）能耗低，降低运行成本。

（3）占地面积小，工作空间大，场地使用率高。

（4）柔性高，可以同时处理多条生产线的不同产品。

（5）垛型和码垛层数可任意设置，垛形整齐，方便储存及运输。

（6）定位准确，稳定性能好。

码垛机器人广泛适用于箱、罐、包、袋和板材类等形状货物的码垛，也可根据用户要求进行拆垛作业。

7.2.2　末端执行器

码垛机器人系统的末端执行器通常为夹持器，可分为两大类：抓握型夹持器和非抓握型夹持器。其中，非抓握型夹持器常见的是吸附式；抓握型夹持器常见的有夹板式、抓取式。

1. 吸附式夹持器

吸附式夹持器是靠吸附力取料，根据吸附力的不同分为气吸附和磁吸附。气吸附主要是利用吸盘内压力和大气压之间的压力差进行工作的，根据压力差的形成方法分为真空吸盘吸附、气流负压吸附、挤压排气吸附。磁吸附是利用磁力来吸附材料工件的，按磁力来源可分为永磁吸附、电磁吸附和电永磁吸附等。工业机器人系统中最常用的吸附式夹持器是真空吸盘。

吸盘吸力在理论上取决于吸盘与工件表面的接触面积和吸盘内、外压差，但实际上其与工件表面状态有十分密切的关系，工件表面状态影响负压的保持。采用真空泵能保证吸盘内持续产生负压，所以这种吸盘比其他形式吸盘的吸力大。

真空吸盘的基本结构如图 7.6 所示，主要零件为橡胶吸盘 1，通过固定环 2 安装在支承杆 4 上，支承杆由螺母 6 固定在基板 5 上。工作时，橡胶吸盘与物体表面接触，吸盘的边缘起密封和缓冲作用，真空发生装置将吸盘与工件之间的空气吸走使其达到真空状态，此时吸盘内的气压小于吸盘外大气压，工件在外部压力的作用下被抓取。放料时，管路接通大气，吸盘内失去真空，物体被放下。为了避免在取料时产生撞击，有的还在支承杆上配有缓冲弹簧；为了更好地适应物体吸附面的倾斜状况，有的橡胶吸盘背面设计有球铰链。

吸盘类型繁多，一般分为普通型和特殊型两种。普通型包括平型、平型带肋、深型、风琴型和椭圆型等，如图 7.7 所示。特殊型吸盘是为了满足特殊应用场合而设计使用的，通常可分为专用型吸盘和异型吸盘，特殊型吸盘结构形状因吸附对象的不同而不同。

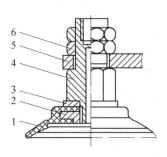

图 7.6　真空吸盘的基本结构

1—橡胶吸盘；2—固定环；3—垫片；4—支承杆；5—基板；6—螺母

　（a）平型　　　（b）平型带肋　　　（c）深型　　　（d）风琴型　　　（e）椭圆型

图 7.7　普通型吸盘

141

　　吸盘的结构对吸附能力的大小有很大影响，吸盘材料也对吸附能力影响较大。目前吸盘常用的材料多为丁腈橡胶（NBR）、硅橡胶、聚氨酯橡胶和氟化橡胶（FKM），除此之外还有导电性丁腈橡胶和导电性硅橡胶材质。

　　不同结构和材料的吸盘以及多吸盘组合（图 7.8）被广泛应用于汽车覆盖件、玻璃板件、金属板材的切割及上下料等场合，适合抓取表面相对光滑、平整、坚硬及微小材料，或搬运体积大、质量轻的零件。气吸附式末端执行器具有结构简单、重量轻、使用方便可靠等优点，另外对工件表面无损伤，且对被吸持工件预定的位置精度要求不高。

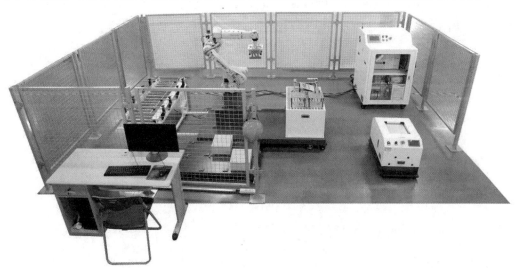

图 7.8　哈工海渡-工业机器人码垛工作站中多吸盘组合应用

2. 夹板式夹持器

夹板式夹持器是码垛过程中最常用的一类手爪，常见的有单板式和双板式，如图7.9所示。主要用于整箱或规则盒码垛，其夹持力度较吸附式夹持器大，并且两侧板光滑不会损伤码垛产品外观质量。单板式与双板式的侧板一般都会有可旋转爪钩，需要单独机构控制，工作状态下爪钩与侧板成90°，起到承托物件防止在高速运动中物料脱落的作用。

（a）单板式   （b）双板式

图7.9   夹板式夹持器

3. 抓取式夹持器

抓取式夹持器可灵活适应不同的形状和内含物（如水泥、化肥、塑料、大米等）物料袋的码垛，如图7.10所示。

而组合式夹持器是通过将吸附式和夹持式组合以获得各单组优势的一种执行器，其灵活性较大，各单组手爪之间既可单独使用又可配合使用，可同时满足多个工位的码垛，如图7.11所示。

图7.10   抓取式夹持器   图7.11   组合式夹持器

7.2.3　周边配套设备

码垛机器人系统的周边配套设备主要有自动导引车、码垛栈板、倒袋机、整形机、金属检测机、重量复检机、自动剔除机、待码输送机、输送系统等，用以辅助码垛机器人系统完成整个码垛作业。

1. 自动导引车

自动导引车（Automated Guided Vehicle，AGV）是一种按标记或外部引导命令指示，沿预设路径移动的平台，一般应用在工厂。AGV 通常是以可充电的电池为其动力来源，是轮式移动机器人的特殊应用。它能在计算机监控下，按路径规划和作业要求，精确地行走并停靠在指定位置，完成一系列无人驾驶的作业功能。

（1）引导方式。

常用的 AGV 引导方式有 5 种：电磁引导、磁条引导、惯性引导、激光引导和视觉引导，如图 7.12 所示。

①电磁引导。

电磁引导是较为传统的引导方式之一，目前仍被许多系统采用。它是在 AGV 的行驶路径上埋设金属线，并在金属线上加载低频、低压电流，产生磁场，通过车载电磁传感器对导引磁场强弱的识别和跟踪实现导航，通过读取预先埋设的 RFID 卡来实现 AGV 的导引。

②磁条引导。

磁条引导与电磁引导相近，用在路面上贴磁条替代在地面下埋设金属线，通过磁感应信号实现导引。

③惯性引导。

惯性引导是在 AGV 上安装陀螺仪，在行驶区域的地面上安装定位块，AGV 通过对陀螺仪偏差信号与行走距离编码器的综合计算，及地面定位块信号的比较校正来确定自身的位置和航向，从而实现导引。

④激光引导。

激光引导有两种模式。一种是激光反射板引导。在 AGV 行驶路径的周围安装位置精确的激光反射板，AGV 通过激光扫描器发射激光束，同时采集由反射板反射的激光束，来确定其当前的位置和航向，并通过连续的三角几何运算来实现 AGV 的导引。另一种是自然引导。自然引导是通过激光测距结合 SLAM 算法建立小车的整套行驶路径地图，不需要任何的辅助材料，柔性化程度更高，适用于全局部署。

⑤视觉引导。

视觉引导有两种模式。一种是利用摄像头实时采集行驶路径周围环境的图像信息，并与已建立的运行路径周围环境图像数据库中的信息进行比较，实现对 AGV 的控制。另一种是基于二维码的图像识别方法，利用摄像头扫描地面的二维码，通过扫描定位技术实现路径导航。

（a）电磁引导

（b）磁条引导

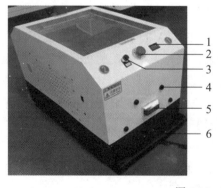
（c）惯性引导

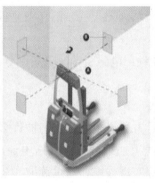
（d）激光引导

（e）视觉引导

图 7.12　AGV 引导方式

（2）导航原理。

AGV 的引导方式有多种，其工作原理也不相同。本节以常见的磁条引导为例，说明其导航原理。

①磁条引导 AGV 的结构。

磁条引导 AGV 的外形如图 7.13 所示，底部结构如图 7.14 所示。

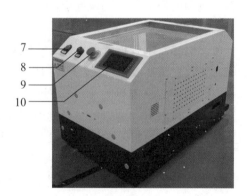

图 7.13　磁条引导 AGV 外形

1—电量指示灯；2—急停按钮；3—电源按钮；4—红外避障传感器；5—报警灯；
6—安全触边；7—启动按钮；8—蜂鸣器；9—急停按钮；10—触摸屏

144

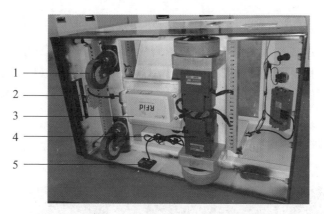

图 7.14　磁条引导 AGV 的底部结构

1—万向轮；2—磁导航传感器；3—RFID 读卡器；4—直流无刷电机；5—磁地标传感器

其中，磁导航传感器是 AGV 磁检测设备所采用的特定磁传感器，通过该传感器，AGV 能够对微弱磁场进行精确检测，从而以磁导航传感器为基准，检测出磁体位置，根据信息反馈，AGV 导航系统能够自动进行位置调整，从而使得 AGV 沿磁条行驶。AGV 磁检测设备一般安装在 AGV 体前方的底部。

AGV 磁导航传感器根据检测磁条极性的不同可分为只检测 N 极、只检测 S 极、检测 N/S 极；根据采样点数量的不同，常分为 8 位、16 位、24 位等。

②磁条引导的 AGV 工作原理。

磁条引导的 AGV 导航系统包含：带磁导航传感器和地标传感器的 AGV、磁条，如图 7.15 所示。

常见的磁条都是贴地式的，即磁条一面贴胶，粘在地上，如图 7.16 所示。因此这类磁条分为 2 大类：N 极和 S 极，通过不贴胶面的极性来进行区分。

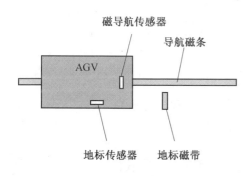

图 7.15　磁条引导的 AGV 导航系统

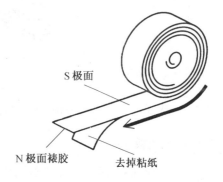

图 7.16　磁条

磁条引导 AGV 的工作原理如图 7.17 所示。磁传感器平均分布在 AGV 磁检测设备内部，形成多个采样点，运行过程中，受到磁条磁场的作用，采样点会产生信号。由于采样点同传感器磁条垂直，因此可以判定磁条同 AGV 的相对位置。AGV 通过 PID 调节对偏离进行调整，从而保证车沿着磁条运行。

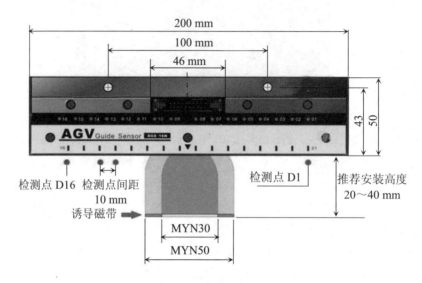

（a）采样原理

（b）位置调整

图 7.17　磁条引导 AGV 的工作原理

2. 码垛栈板

机器人进行码垛时，大零件或易损坏划伤零件通常需要放在栈板上，便于装卸和运输。栈板又称托盘，它可以按一定精度要求将零件输送至指定位置。在实际生产装配中，为了满足生产需求，往往带有托盘自动更换机构，以避免托盘容量的不足。

码垛栈板按外形不同可以分为 4 种：双面型、单面型、平板型和间隙型，如图 7.18 所示。

（1）双面型。正反面都可以使用，广泛用于堆码使用及货架使用。

（2）单面型。只有一面可以使用，根据不同的使用方式选择不同的单面型栈板。

（3）平板型。表面平整且表面为平面状，有些平板型栈板表面有少许网孔。

（4）间隙型。表面平整，但表面支承肋之间有间隙。

（a）双面型　　　　　　　　　　　　　　　　（b）单面型

（c）平板型　　　　　　　　　　　　　　　　（d）间隙型

图 7.18　码垛栈板

3. 倒袋机

倒袋机将输送过来的袋装物料按预定程序进行输送、倒袋、转位等操作，以使码垛物按流程进入后续工序，如图 7.19 所示。

4. 整形机

整形机主要针对袋装码垛物的外形进行整形，经整形机整形后袋装码垛物内可能存在的积聚物会均匀分散，使外形整齐，之后进入后续工序，如图 7.20 所示。

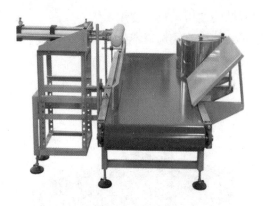

图 7.19　倒袋机

图 7.20　整形机

5. 金属检测机

对于某些码垛场合，如食品、医药、化妆品、纺织等的码垛，为防止生产制造过程中混入金属异物，需要金属检测机进行流水线检测，如图 7.21 所示。

6. 重量复检机

重量复检机在自动化码垛流水作业中起到重要作用，可以检测出前工序是否漏装、装多，以及对合格品、欠重品、超重品进行统计，进而达到产品质量控制的目的，如图 7.22 所示。

图 7.21　金属检测机

图 7.22　重量复检机

7. 自动剔除机

自动剔除机安装在金属检测机和重量复检机之后，主要用于剔除金属异物及重量不合格等产品，如图 7.23 所示。

8. 待码输送机

待码输送机是码垛机器人生产线的专用输送设备，它使码垛货物聚集于此，便于码垛机器人末端执行器抓取，可提高码垛机器人灵活性，如图 7.24 所示。

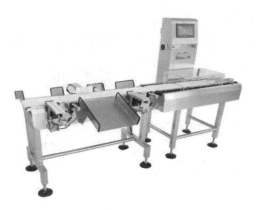

图 7.23　自动剔除机　　　　　　　　　　图 7.24　待码输送机

9. 输送系统

输送系统广泛用于输送各种固体块状和粉料状物料袋或成件物品等，对于不同形状的码垛物、生产线规格等可选择不同形式的输送系统，如图 7.25 所示。

149

（a）滚筒式输送系统　　　　　　　　（b）带式输送系统

（c）哈工众志-智能输送系统

图 7.25　输送系统

其中，智能输送系统一般应用于大型电商物流项目，可以根据仓库收货、分拣、存货、发货等流程，灵活配置输送、扫描、称重、分拣等设备。它可与固定货架完美融合，可以整批分流合流，也可以单一条码分拣。

7.3 码垛机器人系统选型

7.3.1 码垛机器人选型

※ 码垛机器人系统选型

选择合适的码垛机器人，通常需要从以下 3 个方面进行考虑。

1. 额定负载

额定负载也称有效负荷，是指正常作业条件下，工业机器人在规定性能范围内，手腕末端所能承受的最大载荷。如果需要将零件从一个位置搬至另一个位置，需要将零件的质量和机器人执行器的质量计算在额定负载内。

2. 自由度（轴数）

机器人轴的数量决定了其自由度。如果只是进行一些简单的应用，四轴机器人就足够。如果机器人需要在一个狭小的空间内工作，而且机械臂需要扭曲反转，六轴及以上的机器人是最好的选择。轴的数量选择通常取决于具体的应用。

3. 最大运动范围

最大垂直运动范围是指码垛机器人腕部能够到达的最低点（通常低于机器人的基座）与最高点之间的范围。最大水平运动范围是指机器人腕部能水平到达的最远点与器人基座中心线的距离。这些型号规格不同的机器人区别很大，对一些特定的应用有限制。

通常情况下，根据工业机器人需要到达的最远距离和最大负载来选择工业机器人的型号。到达距离越远，负载能力越大，则工业机器人的成本越高。所以根据实际情况的需要对工业机器人进行选型，在满足实际工况需要的前提下，应尽量选择小型号的机器人。

此外，为确保码垛机器人型号选择准确，用户还需要跟厂家作良好的沟通，提供准确的参数和使用工况，应该注意以下几点：

（1）码垛物的产量，要求的码垛速度。

（2）作业环境是否有易燃易爆气体，是否多尘潮湿。

（3）机器人的安装空间尺寸。

7.3.2 末端执行器选型

码垛机器人末端执行器的选择和设计与搬运机器人末端执行器类似，请参考"3.3.2 末端执行器选型和设计"。

本节以饮料包装箱为例，介绍如何正确选择末端执行器。根据分析，典型的全自动纸箱码垛系统主要要求如下：

（1）机器人对应两条输出线、两条码垛线。

（2）保证饮料包装在机器人搬运过程中的可靠性，不得出现因机器人运行过程而产生离心力造成掉箱或甩箱现象。因此，对系统中的夹具进行正确的选型显得至关重要。

一般地，对箱型对象的搬运，都会使用夹板式夹持器，如图 7.26 所示。

图 7.26　夹板式夹持器

此夹板式夹持器的运动机构采用气缸加导轨，此种结构的优点在于结构简单、性能可靠、维护简便。此夹持器采用了底钩托底的设计，在夹板夹紧并且机器人向上提升 20 cm 以后，底钩由气缸驱动，将被搬运的饮料包装箱的底部托住，进一步防止机器人在搬运饮料包装时掉包或甩包现象的发生。

7.3.3　AGV 选型

AGV 选型要点包括 5 个方面：考虑价格因素、选择 AGV 或 AGC、导航方式的选择、考察 AGV 控制系统、选择合适的服务商，如图 7.27 所示。

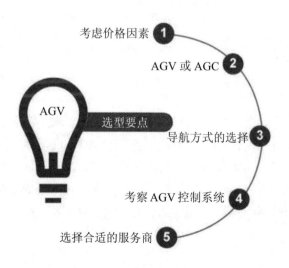

图 7.27　AGV 选型要点

1. 考虑价格因素

欧美 AGV 出现得较早，以重载 AGV 为主，系统价格从 100 万元人民币到 1 000 万元人民币不等，高昂的价格及售后服务费用是欧美 AGV 厂家很难在我国推广应用主要原因。国内 AGV 厂商中高端产品价格一般在 20 万~50 万元/台（套），也有高达 100 万元/台（套）的；中低端的轻负载 AGV 产品价格普遍在 5 万~8 万元/台（套）区间，最低价格可至 2 万~3 万元/台（套）。用户可以根据自身预算来选购。

2. AGV 或 AGC

AGC（Automated Guided Cart）是源于日本的简易型 AGV 技术，一般用于简单物流输送，运行路线可以采取前进、后退、转弯，没有调度及避让等限制，原则是一条路径只能配置一台。多台 AGC 还可以运行在较为复杂的环路中，由于没有上位调度系统，AGC 之间的交通管理不是通过路径分配实现，而是完全靠自身的非接触防护装置进行控制，有一定的局限性。

AGV 功能完善、技术先进，但价格高昂。用户在选择时可以根据自身实际需求来决定。如果运行路线是单一的路径（即运行的环路中没有分支）或者流程固定（即每个任务循环都重复同样的动作，每个循环停车点的位置顺序是不变的，并且对导引及定位精度要求不高），在这种条件下，用户可以选择 AGC。除此之外，如果在运行的环路中有多个分支、多个环路，有合流、分流的复杂路径，多变的流程，较高的定位要求，需完成较复杂的装卸任务的情况下，就应该选择 AGV。

3. 导航方式的选择

"固定路径导引"式 AGV 成本相对"自由路径导引"更低，"固定路径导引"实施较容易、技术较为成熟，但运行路线的更改相对较为困难。"自由路径导引"的成本较高，但 AGV 运行路线的更改容易，柔性较高。

AGV 引导方式的不同，其适用场合也有所区别。在选择 AGV 时，需要考虑每种引导方式的优缺点，根据实际规划布局情况来确定。表 7.2 为 AGV 常见引导方式的优缺点对比。

4. 考查 AGV 控制系统

AGV 控制系统主要分为地面（上位）控制系统及车载（下位）控制系统。

地面（上位）控制系统需解决的问题是对多台 AGV 进行有效的控制，对各种任务进行优化排序，对 AGV 的分配及行驶路径进行动态规划，实现智能的交通管理。系统根据所需执行的任务，以及各台 AGV 所处的当前位置来优化车辆的分配。车载（下位）控制系统在收到上位系统的指令后，负责 AGV 的导航计算、导引实现、车辆行走、装卸操作等功能。

表 7.2 AGV 常见引导方式的优缺点

序号	引导方式	优点	缺点
1	电磁引导	导引线隐蔽，不易污染和破损，导引原理简单而可靠，便于控制通信，对声光无干扰，成本低	改变或扩充路径较麻烦，导引线铺设相对困难
2	磁条引导	AGV 定位精确，灵活性比较好，改变或扩充路径较容易，磁带铺设也相对简单，导引原理简单而可靠，便于控制通信，对声光无干扰，成本较低	磁带需要维护，要及时更换损坏严重的磁带，不过磁带更换简单方便，成本较低。此导引方式易受环路周围金属物质的干扰，对磁带的机械损伤极为敏感，因此导引的可靠性受外界影响较大
3	惯性引导	技术先进，定位准确性高，灵活性强，便于组合和兼容，适用领域广，已被国外的许多 AGV 生产厂家采用	制造成本较高，导引的精度和可靠性与陀螺仪的制造精度及使用寿命密切相关
4	激光引导	AGV 定位精确，地面无须其他定位设施；行驶路径可灵活改变，能够适合多种现场环境，是目前许多 AGV 生产厂商优先采用的引导方式	由于控制复杂及激光技术昂贵，投资成本较高，反射片与 AGV 激光传感器之间不能有障碍物，对环境的要求相对较高
5	视觉引导	AGV 定位精确，灵活性比较好，改变或扩充路径也较容易，路径铺设也相对简单，导引原理同样简单而可靠，便于控制通信，对声光无干扰，成本比激光引导低很多，但比磁条引导稍贵	路径同样需要维护，不过维护也较简单方便，成本也较低。对色带的污染和机械磨损十分敏感，对环境要求较高

153

对于 AGV 来说，一套先进且成熟的上位控制系统非常重要，一套系统能用多少台 AGV 是评判一套系统好坏的非常重要的标准。总控系统和车身系统用于保证 AGV 和系统精准的实时通信，因此这两个系统一是要算法精妙，二是要匹配度佳。最后，评价一个系统好坏的最终标准是故障率，易操作、易配置、易扩展的系统将更加受到用户的欢迎。用户在选择 AGV 时应着重考察 AGV 的控制系统。

5. 选择合适的服务商

一个优质的 AGV 供应商应具备强大的研发实力、完善的售后服务，以及为企业规划设计的能力。在针对 AGV 进行选型时，优先考虑在行业内有一定知名度的服务商是最便捷、最有效率的筛选方式，可以从服务商性质、从事研发生产 AGV 的时间、行业内外的知名度以及已有案例的应用情况等方面考虑。此外，看服务商是否拥有完善的售后服务系统对用户来说也非常重要。

7.4 码垛机器人系统工位布局

码垛机器人工作站布局是以提高生产、节约场地、实现最佳物流码垛为目的，实际生产中，常见的码垛工作站布局主要有 2 种：全面式码垛和集中式码垛。

1. 全面式码垛

码垛机器人安装在生产线末端，可满足一条或两条生产线使用需求，具有较低的输送线成本与占地面积、较大的灵活性和增加生产量等优点，如图 7.28 所示。

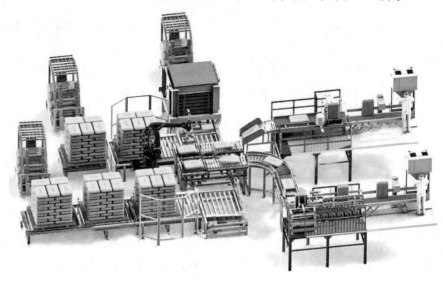

图 7.28 全面式码垛

2. 集中式码垛

码垛机器人被集中安装在某一区域，可将所有生产线集中在一起，具有较高的输送线成本、节省生产区域资源、节约人员维护、一人便可全部操纵等特点，如图 7.29 所示。

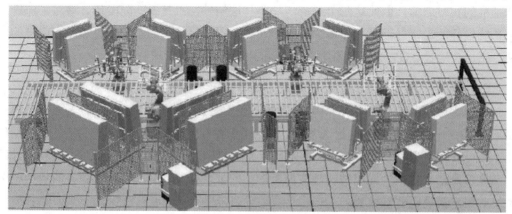

图 7.29 集中式码垛

在实际生产码垛中，按码垛进出情况常见的规划有一进一出、一进两出、两进两出和四进四出等形式。

（1）一进一出。

一进一出常出现在厂源相对较小、码垛线生产比较繁忙的情况，此类型码垛速度较快，托盘分布在机器人左侧或右侧，缺点是需人工换托盘、浪费时间，如图 7.30 所示。

（2）一进两出。

在一进一出的基础上添加输出托盘，当一侧满盘信号输入时，机器人不会停止等待而直接码垛另一侧，码垛效率明显提高，如图 7.31 所示。

图 7.30　一进一出

图 7.31　一进两出

（3）两进两出。

两进两出是两条输送链输入，两条码垛输出，多数两进两出系统不会需要人工干预，码垛机器人自动定位摆放托盘，是目前应用最多的一种码垛形式，也是性价比最高的一种规划形式，如图 7.32 所示。

（4）四进四出。

四进四出系统多配有自动更换托盘功能，主要应对于多条生产线的中等产量或低等产量的码垛，如图 7.33 所示。

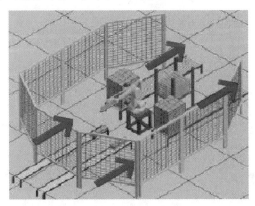

图 7.32　两进两出

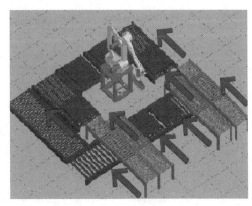

图 7.33　四进四出

7.5　码垛作业流程

❋ 码垛作业流程

码垛机器人的动作可分为堆垛和拆垛，这两个过程原理类似。本章以图 7.34 所示为例，说明 FANUC 机器人进行 2×2×2 排列的码垛作业流程。具体作业流程如图 7.35 所示。

图 7.34　码垛机器人作业系统

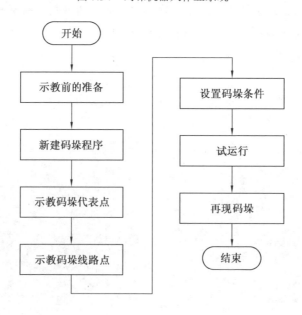

图 7.35　码垛作业流程

1. 示教前的准备

开始示教前，请做如下准备：

（1）安全确认。确认操作者自身和机器人之间保持安全距离。

（2）机器人原点确认。通过机器人机械臂各关节处的标记或调用原点程序复位机器人。

2. 新建码垛程序

点按示教器的相关菜单或按钮，新建一个码垛程序。

3. 输入程序点

本例中的程序点包括机器人安全点、码垛过渡点、码垛取料点、码垛接近点 2、码垛接近点 1、码垛堆叠点、码垛逃点 1、码垛逃点 2、码垛代表点。

在示教模式下，手动操纵机器人进行码垛程序点位的示教，并记录保存。且在示教过程中需要确保程序目标点处于与末端执行器、码垛物、物料盘等互不干涉位置。

4. 设置码垛条件

码垛机器人的作业程序简单易懂，与其他六轴机器人程序类似。本例中码垛作业条件的输入主要是码垛参数的设定，包括码垛类型、码垛顺序、排列方法、线路点数、线路式样数、辅助位置等。

注意：对码垛机器人而言，TCP 以末端执行器不同而设置在不同位置。就吸附式而言，其 TCP 一般设在法兰中心线与吸盘所在平面交点的连线上并延伸一段距离，距离的长短依据吸附物料高度确定，如图 7.36（a）所示；夹板式和抓取式的 TCP 一般设在法兰中心线与手爪或夹板前端面交点处，如图 7.36（b）和图 7.36（c）所示；而组合式 TCP 设定点需依据起主要作用的单组手爪确定。

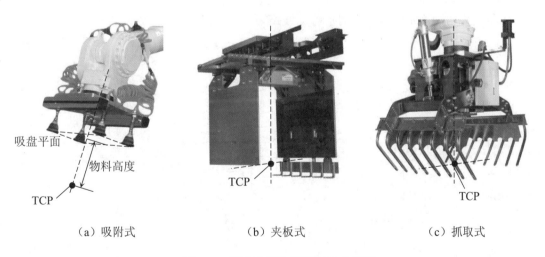

<table>
<tr><td>吸盘平面</td><td></td><td></td></tr>
<tr><td>物料高度</td><td></td><td></td></tr>
<tr><td>TCP</td><td>TCP</td><td>TCP</td></tr>
<tr><td>（a）吸附式</td><td>（b）夹板式</td><td>（c）抓取式</td></tr>
</table>

图 7.36　码垛末端执行器 TCP 的设置

157

5. 试运行

确认码垛机器人周围安全后，对整个码垛程序进行逐行试运行测试，以便检查各程序点位置及参数设置是否正确。

6. 再现码垛

确认程序无误后，将机器人调至自动模式，进行实际物料的码垛作业。

7.6 码垛作业编程与调试

7.6.1 码垛功能介绍

通常情况下，工业机器人具有码垛作业对应的功能包，能够极大地提高码垛程序输入效率，节约工时、降低成本、易于控制生产节拍，可达到优化的目的，减少出错的同时也减轻编程人员的劳动强度。

FANUC 机器人有专属的码垛功能，该功能只需对几个具有代表性的点进行示教，即可以从下层到上层按照顺序堆叠工件。

➢ 通过对堆叠点的代表点进行示教，即可简单创建堆叠式样。
➢ 通过对线路点（接近点、逃点）进行示教，即可创建线路式样。
➢ 通过设定多个线路式样，即可进行多种不同式样的码垛堆积。

1. 码垛式样

码垛有 2 种式样：堆叠式样和线路式样，如图 7.37 所示。

（1）堆叠式样。

堆叠式样用于确定工件的堆叠方法，即按照行→列→层的顺序依次堆叠工件。

（2）线路式样。

线路式样用于确定堆叠工件时的移动线路。

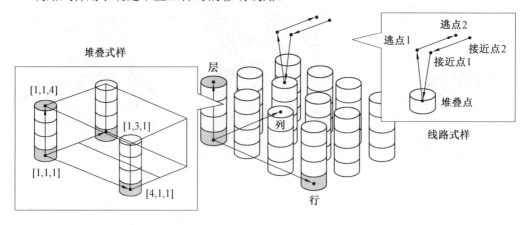

图 7.37 码垛式样

2. 码垛种类

根据堆叠式样和线路式样设定方法的不同，码垛种类分为 4 种：码垛 B、码垛 E、码垛 BX 和码垛 EX。

（1）码垛 B。

适用于工件姿势恒定、堆叠时的底面形状为直线或四边形的情形，如图 7.38 所示。

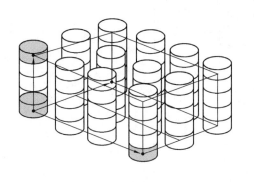

（a）四边形　　　　　　　　　　　　　（b）工件姿势恒定

图 7.38　码垛 B

（2）码垛 E。

适用于复杂的堆叠情形，如工件姿势改变、堆叠时的底面形状不是四边形等，如图 7.39 所示。

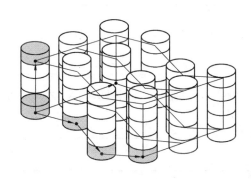
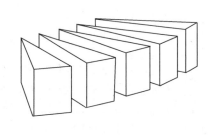

（a）非平行四边形　　　　　　　　　　（b）工件姿势变化

图 7.39　码垛 E

（3）码垛 BX 和 EX。

可以设定多个线路式样，如图 7.40 所示，而码垛 B 和 E 只能设定一个线路式样。

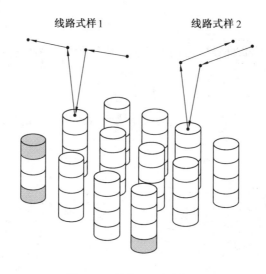

图 7.40　码垛 BX 和码垛 EX

7.6.2　码垛功能指令

FANUC 机器人的码垛功能指令包括：码垛指令、码垛动作指令、码垛结束指令和码垛寄存器指令。

（1）码垛指令。

码垛指令基于码垛寄存器的值，根据堆叠式样计算当前的堆叠点位置，并根据线路式样计算当前的路径，改写码垛动作指令的位置数据。码垛指令格式见表 7.3。

表 7.3　码垛指令

格式	PALLETIZING—[模式]_i 模式：B、BX、E、EX i：码垛编号（1~16）
说明	码垛编号在示教完码垛的数据后，随同码垛功能指令一起被自动写入。在对新的码垛进行示教时，码垛编号将自动更新
示例	PALLETIZING—B_1

（2）码垛动作指令。

码垛动作指令是以使用具有接近点、堆叠点、逃点的线路点作为位置数据的动作指令，是码垛专用的动作指令。这些位置数据通过码垛指令每次都被改写。码垛动作指令格式见表 7.4。

表 7.4　码垛动作指令

格式	J PAL_i [A_1] 100% FINE J：机器人动作类型 i：码垛编号（1~16） ● A_1：线路点 ● 100%：机器人动作类型对应的移动速度 ● FINE：定位类型
说明	线路点分为以下 3 种： A_n：接近点，n=1~8 BTM：堆叠点 R_n：逃点，n=1~8
示例	L PAL_2[A_3] 100 mm/sec CNT50

（3）码垛结束指令。

码垛结束指令的作用是计算下一个堆叠点，改写码垛寄存器的值。码垛结束指令格式见表 7.5。

表 7.5　码垛结束指令

格式	PALLETIZING—END_i i：码垛编号（1~16）
说明	每一个码垛指令都需要有一个对应的码垛结束指令，码垛编号是一致的
示例	PALLETIZING—END_1

（4）码垛寄存器指令。

码垛寄存器指令用于码垛的控制，进行堆叠点的指定、比较、分支等。码垛寄存器指令格式见表 7.6。

表 7.6　码垛寄存器指令

格式	PL[i]=（值） i：码垛寄存器编号（1~32） （值）：可以是 PL[i]，或者是 PL[i,j,k]
示例	PL[1]=PL[1,2,1]

7.6.3　码垛机器人示教

码垛的示教，其操作步骤如图 7.41 所示。

※　码垛机器人示教

161

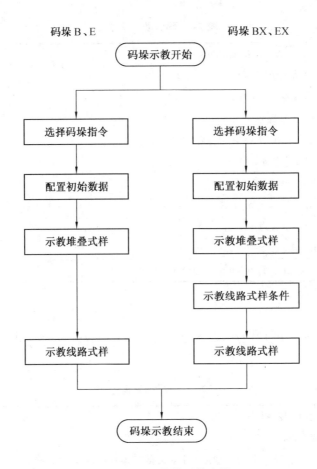

图 7.41　码垛的示教步骤

码垛的示教，在示教器中的码垛编辑画面上进行。选择码垛指令时，自动出现一个码垛编辑画面。通过码垛的示教，自动插入码垛功能相关指令。本章以码垛种类 B 为例，进行堆垛的示教编程。

1. 选择码垛指令

打开示教器程序编辑画面，选择码垛指令，插入"PALLETIZING—B"指令，如图7.42 所示。

2. 配置初始数据

在"码垛配置"画面中，如图 7.43 所示，设定码垛类型（码垛或拆垛）、行列层数、线路点数等。

本例中相关的设定如下：

➤ 码垛类型=码垛

➤ 行=2、列=2、层=2

➤ 接近点=2、RTRT（逃点）=2

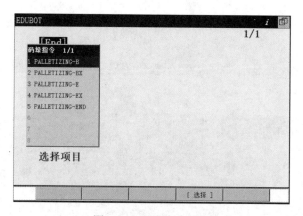

图 7.42 码垛指令画面

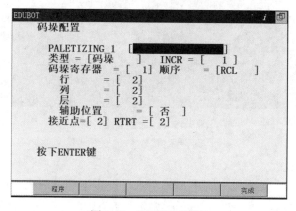

图 7.43 码垛配置画面

3. 示教堆叠式样

在"码垛底部点"画面中，如图 7.44 所示，对堆叠式样的代表点进行示教。由此，执行码垛时，从所示教的代表点自动计算目标堆叠点。

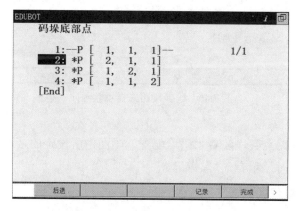

图 7.44 码垛堆叠式样示教画面

本例中的代表点有 4 个，分别为 P[1,1,1]、P[2,1,1]、P[1,2,1]、P[1,1,2]，具体位置如图 7.45 所示。

注意： 未示教位置时显示"*"，已示教位置显示有"——"标记。

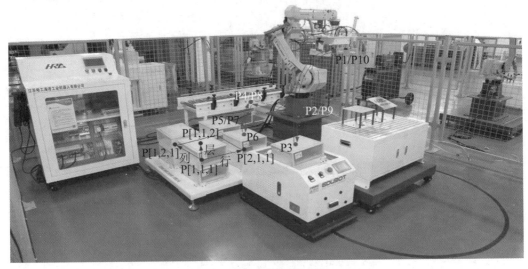

图 7.45　码垛作业路径

4. 示教线路式样

在"码垛线路点"画面中，如图 7.46 所示，设置堆叠点堆叠工件或从其上拆下工件的前后通过的几个线路点。线路点会随着堆叠点的位置改变而自动变化。

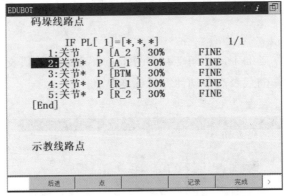

图 7.46　码垛线路式样示教画面

注意：

（1）要记录的线路点数，随着"码垛配置"画面中所设定的接近点和逃点数而定。

（2）未示教位置时显示有"*"标记。

7.6.4　码垛机器人编程调试

图 7.34 所示的码垛作业路径如图 7.45 所示。此程序由编号 P1～P10 和 P[1,1,1]、P[2,1,1]、P[1,2,1]、P[1,1,2]共 14 个程序点组成，每个程序点的用途说明见表 7.7。

表 7.7　码垛程序点说明

程序点	说明	程序点	说明
程序点 P1	机器人安全点	程序点 P8	码垛逃点 2
程序点 P2	码垛过渡点	程序点 P9	码垛过渡点
程序点 P3	码垛取料点	程序点 P10	机器人安全点
程序点 P4	码垛接近点 2	P[1,1,1]	码垛代表点 1
程序点 P5	码垛接近点 1	P[2,1,1]	码垛代表点 2
程序点 P6	码垛堆叠点	P[1,2,1]	码垛代表点 3
程序点 P7	码垛逃点 1	P[1,1,2]	码垛代表点 4

等所有线路式样的示教完成后，机器人系统会自动生成码垛程序，如图 7.47 所示。此时，需要在码垛线路点之前插入机器人安全点、码垛过渡点和码垛取料点，并在堆叠点的下方插入末端执行器的动作指令，同时更改线路点的动作类型等。

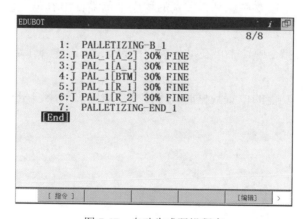

图 7.47　自动生成码垛程序

修改后的码垛程序说明如下：

J P[1] 100% FINE	//机器人安全点 P1
J P[2] 50% CNT50	//码垛过渡点 P2
L P[3] 50mm/sec FINE	//码垛取料点 P3
Hand Close	//末端执行器取料
L P[2] 100mm/sec CNT50	//回至码垛过渡点 P2
PALLETIZING—B_1	//码垛开始
L PAL_1[A_2] 100 mm/sec CNT50	//码垛接近点 2（P4）
L PAL_1[A_1] 50 mm/sec CNT10	//码垛接近点 1（P5）
L PAL_1[BTM] 50 mm/sec FINE	//码垛堆叠点（P6）

Hand Open	//末端执行器放料
L PAL_1[R_1] 50 mm/sec CNT10	//码垛逃点 1（P7）
L PAL_1[R_2] 100 mm/sec CNT50	//码垛逃点 2（P8）
PALLETIZING—END_1	//码垛结束
L P[2] 100mm/sec CNT50	//码垛过渡点 P9
J P[1] 100% FINE	//机器人安全点 P10（与 P1 为同一点）

FANUC 机器人在码垛作业调试时，需要注意如下事项：

（1）要提高码垛的动作精度，需要正确进行末端执行器的 TCP 设定。

（2）码垛寄存器在使用时，应避免同时使用相同编号的其他码垛。

（3）码垛功能的 3 个指令（即码垛指令、码垛动作指令、码垛结束指令），需要在同一个程序中发挥作用。只将 1 个指令复制到子程序中进行示教，该功能也不会正常工作。

（4）码垛编号在示教完码垛的数据后，随同码垛指令、码垛动作指令、码垛结束指令一起被自动写入。不需要在意是否在别的程序中重复使用着码垛编号（每个程序都具有该码垛编号的数据）。

（5）在码垛动作指令中，不可在动作类型中设定"C"（圆弧运动）和"A"（C 圆弧）。

（6）在示教码垛功能的位置数据时，不能使用自定义的用户坐标系进行位置示教，要使用世界坐标系。

思考题

1. 工业应用中，常见的机器人码垛方式有哪几种？

2. 简述码垛机器人系统的组成。

3. 普通型吸盘有哪几种类型？

4. 常用的 AGV 引导方式有哪几种？

5. 码垛栈板按外形不同可以分为哪几种？

6. AGV 选型要点包括哪几个方面？

7. 实际生产中，常见的码垛工作站布局主要有哪几种？

8. 简述 FANUC 机器人进行 2×2×2 排列的码垛作业流程。

9. FANUC 机器人码垛有哪几种式样？作用分别是什么？

10. FANUC 机器人的码垛种类分为哪几种？

第8章 喷涂机器人技术与应用

喷涂机器人又称涂装机器人，是可进行自动喷漆或喷涂其他涂料的工业机器人，1969年由挪威 Trallfa 公司（后并入 ABB 集团）发明。如今，喷涂机器人被大量地使用，极大地解放了在危险环境下工作的劳动力，大大提高了制造企业的生产效率，并带来了稳定的喷涂质量，降低成品返修率，同时提高了油漆利用率，减少废油漆、废溶剂的排放，有助于构建环保的绿色工厂。高工产研机器人研究所（GGII）数据显示，2016—2019 年中国喷涂机器人销量每年均以超 20%的速度增长。2020 年喷涂机器人销量将超 1.3 万台，市场规模有望超 120 亿元。

8.1 机器人喷涂技术概述

8.1.1 喷涂分类及工艺

❋ 机器人喷涂技术概述

根据所采用的喷涂工艺的不同，机器人喷涂可以分为 3 类：空气喷涂、高压无气喷涂和静电喷涂。

1. 空气喷涂

空气喷涂是利用压缩空气的气流，流过喷枪喷嘴孔形成负压，在负压的作用下涂料从吸管吸入，经过喷嘴喷出，通过压缩空气对涂料进行吹散，以达到均匀雾化的效果。

2. 高压无气喷涂

高压无气喷涂是一种较先进的涂装方法，其采用高压柱塞泵将涂料施加高压（通常为 1～25 MPa），通过很细的喷嘴喷出，涂料离开喷嘴的瞬间，以高达 100 m/s 的速度与空气发生激烈的高速冲撞，使涂料破碎成微粒。涂料微粒的速度未衰减前，继续向前不断与空气多次冲撞，涂料微粒不断被粉碎，从而实现涂料的雾化，并黏附在工件的表面。高压无气喷涂具有较高的涂料传递效率和生产效率，表面质量明显优于空气喷涂。

3. 静电喷涂

静电喷涂一般是以接地的被涂物为阳极，接电源负高压的雾化涂料为阴极，使得涂料雾化颗粒带电荷，通过静电作用，吸附在工件表面。静电喷涂通常应用于金属表面或导电性良好且结构复杂的表面，或球面、圆柱面等的喷涂，其中高速旋杯式静电喷枪已成为应用最广的工业涂装设备，其原理如图 8.1 所示。高速旋杯式静电喷枪在工作时利用旋杯的高速旋转运动（一般为 30 000～60 000 r/min）产生离心作用，将涂料在旋杯内表面伸展成为薄膜，并通过巨大的加速度使其向旋杯边缘运动，在离心力及强电场的双重作用下涂料破碎为极细且带电的雾滴，向极性相反的被涂工件运动，沉积于被涂工件表面，形成均匀、平整、光滑、丰满的涂膜。

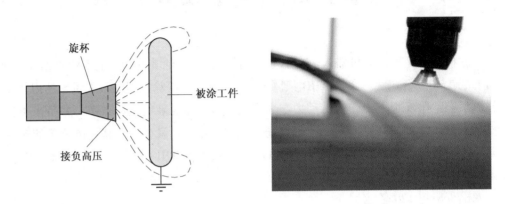

图 8.1　静电喷涂原理图

8.1.2　喷涂机器人行业应用

喷涂机器人适用于生产量大、产品型号多、表面形状不规则的工件外表面涂装，广泛应用于汽车及其零配件、仪表、家电、建材和机械等行业。

1. 3C 行业

3C 行业涉及电脑、通信和消费电子三大产品领域，要求喷涂机器人体积小、动作灵活。桌面型喷涂机器人在笔记本电脑、手机等产品外壳喷涂中发挥了重要作用，有效缓解了企业招工难等问题。

2. 家具行业

随着人们对绿色生活的追求，木器家具广泛使用水性涂料。形状较规则的桌板、门板已广泛采用水性漆辊涂线生产，而对于形状不规则的桌腿等工件，喷涂机器人得到了一定程度的应用，如图 8.2（a）所示。

3. 卫浴行业

卫浴产品主要包括陶瓷卫浴产品和亚克力卫浴产品。陶瓷卫浴产品由陶瓷瓷土烧结而成，外表面制备陶瓷釉面；亚克力卫浴产品是指玻璃纤维增强塑料卫浴产品，其表层材料是甲基丙烯酸甲酯，反面覆上玻璃纤维增强专用树脂涂层。目前，陶瓷卫浴产品表面釉料已广泛采用机器人喷涂；亚克力卫浴产品表面玻璃纤维增强树脂材料的喷涂也有一些企业在研究采用喷涂机器人。随着玻璃纤维增强塑料复合材料在卫浴、汽车、航空航天、游艇等的广泛应用，喷涂机器人将会发挥出更大的作用。

4. 汽车行业

汽车工业凭借其产量大、节拍快、利润率高等特点，成为喷涂机器人应用最广泛的行业，汽车整车、保险杠的自动喷涂率几乎 100%，如图 8.2（b）所示。应用表明，喷涂机器人在汽车涂装中的应用会大大降低流挂、虚喷等涂膜缺陷，漆面的平整度和表面效果等外观性能得到明显提升。同时，受汽车工业应用需求的驱动，喷涂工艺软件包和离线编程工作站得到了较为完善的开发，并发挥出了重大作用。

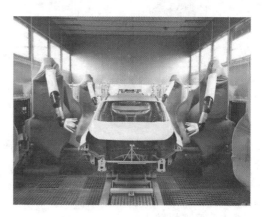

（a）家具行业　　　　　　　　　　　　（b）汽车行业

图 8.2　喷涂机器人行业应用

5. 一般工业

一般工业涵盖了机械制造、航空航天、特种装备等工业领域，其工件形状复杂、尺寸多变、同种工件数量少，喷涂机器人的应用比较困难。但随着技术的进步，这一领域有着巨大的市场应用空间。

8.2　喷涂机器人系统组成

喷涂机器人系统由 3 部分组成：喷涂机器人、末端执行器和周边配套设备，如图 8.3 所示。周边配套设备主要包括喷涂室、空气过滤系统、输调漆系统、防爆吹扫系统、机器人移动平台与工件输送系统、烘干室、喷涂生产线监控系统、喷枪清理装置、安全防护系统等。

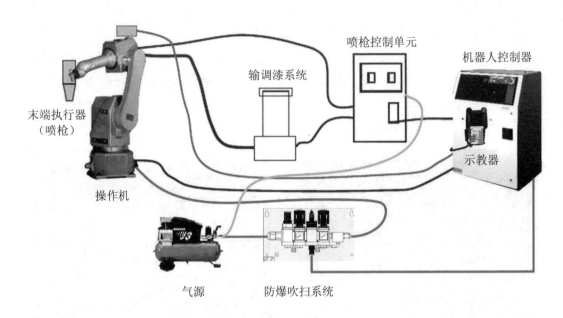

图 8.3　喷涂机器人系统组成

8.2.1　喷涂机器人

目前，国内外的喷涂机器人在结构上大多数仍采用与通用工业机器人相似的 5 或 6 自由度串联关节，在其末端加装自动喷枪。

1. 喷涂机器人的主要优点

与传统的机械涂装相比，喷涂机器人具有以下优点：

（1）柔性强，能够适应多品种、小批量的喷涂任务。

（2）最大限度提高涂料的利用率、降低喷涂过程中的 VOC（即有害挥发性有机物）排放量。

（3）易于操作和维护，可离线编程，大大缩短现场调试时间。

（4）显著提高喷枪的运动速度，缩短生产节拍，效率显著高于传统的机械涂装。

（5）能够精确保证喷涂工艺的一致性，获得高质量的喷涂产品。

（6）与高速旋杯经典喷涂站相比，可以减少 30%～40% 的喷枪数量，能有效降低系统故障率和维护成本。

2. 喷涂机器人的分类

按照机器人手腕结构形式的不同，喷涂机器人主要分为两种：球型手腕喷涂机器人和非球型手腕喷涂机器人。其中，非球型手腕喷涂机器人根据相邻轴线的位置关系又可分为 2 种形式：正交非球型手腕和斜交非球型手腕，如图 8.4 所示。

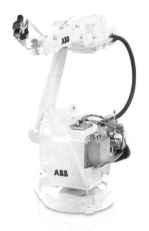
（a）球型手腕

（b）正交非球型手腕

（c）斜交非球型手腕

图 8.4 喷涂机器人

（1）球型手腕喷涂机器人。

球型手腕喷涂机器人除了具备防爆功能外，其手腕结构与通用六轴关节型工业机器人相同，即 1 个摆动轴、2 个回转轴，3 个轴线相交于一点，且两相邻关节的轴线相互垂直。该手腕结构能够保证机器人运动学逆解具有解析解，便于离线编程的控制，但是由于其腕部第三关节不能实现 360°周转，故工作空间相对较小。采用球型手腕的喷涂机器人多为紧凑型结构，其工作半径多在 0.7～1.2 m，多用于小型工件的喷涂。具有代表性的国外产品有 ABB 公司的 IRB52 喷涂机器人。

（2）非球型手腕喷涂机器人。

非球型手腕喷涂机器人，其手腕的 3 个轴线并非如球型手腕喷涂机器人一样相交于一点，而是相交于两点。非球型手腕喷涂机器人相对于球型手腕喷涂机器人来说更适合于喷涂作业。该型喷涂机器人每个腕关节转动角度都能达到 360°以上，手腕灵活性强，机器人工作空间较大，特别适于复杂曲面及狭小空间内的喷涂作业，但由于非球型手腕运动学逆解没有解析解，增大了机器人控制的难度，难以实现离线编程控制。

①正交非球型手腕喷涂机器人。正交非球型手腕喷涂机器人的 3 个回转轴相交于两点，且相邻轴线夹角为 90°，具有代表性的有 ABB 公司的 IRB5400、IRB5500 喷涂机器人。

②斜交非球型手腕喷涂机器人。斜交非球型手腕喷涂机器人的手腕相邻两轴线相互不垂直，而是具有一定角度，为 3 个回转轴，且 3 个回转轴相交于两点，具有代表性的有 YASKAWA、Kawasaki、FANUC 公司的喷涂机器人。

现今应用的喷涂机器人中很少采用正交非球型手腕，主要是其在结构上相邻腕关节彼此垂直，容易造成从手腕中穿过的管路出现较大的弯折、堵塞甚至折断管路故障。相反，斜交非球型手腕做成中空的，各管线从中穿过，直接连接到末端高转速旋杯喷枪上，在作业过程中内部管线较为柔顺，避免管线与工件之间发生干涉，减少管道黏附薄雾、飞沫，最大程度降低灰尘黏到工件的可能性，缩短了生产节拍，故而被各大厂商所采用。

8.2.2 末端执行器

喷涂机器人在喷涂作业时，其末端执行器是各种喷枪。根据所采用喷涂工艺的不同，喷涂机器人的喷枪及配套的喷涂系统也存在差异。常见的喷涂机器人的喷枪有 3 种：空气喷枪、高压无气喷枪和静电喷枪，如图 8.5 所示。

（a）自动空气喷枪　　　　（b）自动高压无气喷枪　　　（c）高速旋杯式静电喷枪

图 8.5　喷涂机器人常用喷枪

（1）空气喷枪。

空气喷枪的优缺点明显，空气喷枪造价较低，工作原理简单，便于维护保养，且便于搭载轻便型机器人，对空间狭小、工艺质量要求不高的场所能够发挥重要作用。但是空气喷枪常见问题有涂料利用率低、设备故障率高、成型漆膜质量不高，在工艺质量要求较高的汽车喷涂行业不建议使用，一般用于家具、3C 产品外壳等产品的涂装。

（2）高压无气喷枪。

高压无气喷枪的优点有：可获得较厚的涂膜，减少喷涂次数，提高涂装效率；漆雾中不含压缩空气，避免了压缩空气中的水、油、灰尘进入涂膜，提高了涂膜的质量；不采用空气雾化，漆雾飞溅少，涂料中不需要加稀释剂或只加极少量稀释剂，大大减少了VOC 的排放，有利于环境的保护。

其缺点有：对喷涂小型工件不太适用，因喷涂时漆雾的飞逸和无效喷涂造成涂料的损耗远远大于空气喷涂；没有涂料喷出量和喷雾幅宽调节机构，因而在喷涂作业中不能调节涂料喷出量和喷幅宽度，只有更换喷嘴才能实现调节，给喷涂作业带来一定的困难。

高压无气喷枪用于喷涂黏度较低的普通涂料，也可喷涂高黏度涂料、厚浆型涂料，特别适宜喷涂大型工件和大面积工件。

（3）静电喷枪。

静电喷枪喷涂相对于空气喷枪喷涂的优点是涂料利用率高，涂膜质量较高，但不适用于非导体工件。静电喷涂机器人的维护使用成本较高，多用在流水线生产的汽车制造行业。

　　虽然传统喷涂工艺中的空气喷涂和高压无气喷涂仍在使用，但随着技术的进步和发展，静电喷涂逐渐被广泛应用于各工业领域。尤其是高速旋杯式静电喷枪已成为机器人应用最广的工业喷涂装备，其基本结构包括：旋杯、涂料入口、空气马达、高压电缆、绝缘罩壳、绝缘支架、悬臂和支座，如图 8.6 所示。图 8.7 所示为旋杯的外形及结构。

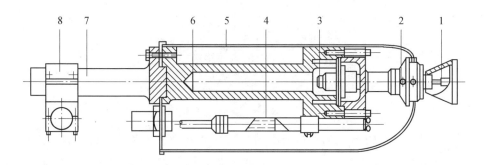

图 8.6　静电喷枪的基本结构

1—旋杯；2—涂料入口；3—空气马达；4—高压电缆；
5—绝缘罩壳；6—绝缘支架；7—悬臂；8—支座

图 8.7　旋杯外形及结构

8.2.3　周边配套设备

　　喷涂机器人系统的周边配套设备主要有喷涂室、空气过滤系统、输调漆系统、防爆吹扫系统、机器人移动平台与工件输送系统、烘干室、喷涂生产线监控系统、喷枪清理装置、安全防护系统等，用以辅助喷涂机器人系统完成整个喷涂作业。其中，安全防护系统是机器人喷涂生产的重要组成部分，将在本章"8.8.1 安全防护系统"中重点介绍。

1. 喷涂室

　　喷涂室（简称喷房）是为喷漆作业提供专用环境的设备，如图 8.8 所示，它能够将飞散的漆雾和挥发的溶剂限制在一定区域内，并进行过滤处理。喷涂机器人生产线一般都配有专用的喷涂室。

图 8.8　喷涂室

　　以汽车涂装为例,喷涂室基本组成如图 8.9 所示。车身在喷涂室前端的洁净室内擦净,经过喷涂室喷涂后,进入烘干室烘干。供漆系统一般建设在喷涂室下层,防止油漆和溶剂等化学品过多与操作人员接触。喷涂室内的环境控制由送风系统控制,通过过滤、平流层,空气均匀地吹入喷涂室内,将喷漆作业中未附着在被涂物表面的飞散漆雾和溶剂蒸汽排出,再利用漆雾捕集装置吸附处理排出气体。同时,送风系统也能调节喷涂室的温度和湿度。有送风系统的喷涂室,对室内作业环境有一定的要求。

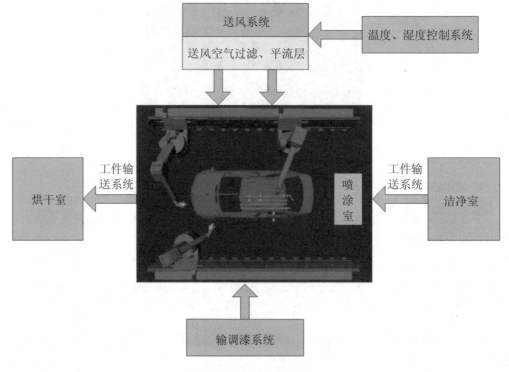

图 8.9　喷涂室基本组成

（1）温度。

根据涂装工艺的不同，温度范围不同，大致为 15～30 ℃。最佳温度范围为 18～23 ℃，冬季不应低于 12 ℃；在无降温的条件下，夏季不应超过 35 ℃。

（2）湿度。

一般约为 RH50%～80%（或按所用涂料的特性要求）。喷涂水性涂料的环境湿度应控制在 RH70%左右。

（3）洁净度。

喷涂室的室内洁净度根据被涂物涂层性质及装饰要求确定，喷涂室内的洁净度（含尘量）见表 8.1。

表 8.1 喷涂室内的洁净度（含尘量）

分类	实例	尘埃颗粒/μm	尘埃颗粒数/（个·cm^{-3}）	尘量/（mg·cm^{-3}）
一般涂装	防腐涂装	< 10	< 600	< 7.5
装饰涂装	重型车涂装	< 5	< 300	< 4.5
高级装饰涂装	轿车涂装	< 3	< 100	< 1.5

（4）照度。

照度根据被涂物涂层性质及装饰要求确定，并满足操作、观察、自检的照明要求，喷涂室内的照明度推荐值见表 8.2。

表 8.2 喷涂室内照明度推荐值

分类	实例	照度/LX
一般涂装	防腐蚀涂装、喷底漆等	300
高级涂装	机床、车辆喷漆、仪器等	500
高级装饰性涂装	中级轿车车身、高级客车等	800
超高装饰性喷涂	高级轿车车身喷涂	1 000
自动喷涂	普通自动喷涂/静电自动喷涂	300

2. 空气过滤系统

在喷涂作业过程中，当大于或者等于 10 μm 的粉尘混入漆层时，用肉眼就可以明显看到由粉尘造成的瑕点。为了保证喷涂作业的表面质量，涂装线所处的环境及空气涂装所使用的压缩空气应尽可能保持清洁，可由空气过滤系统使用大量空气过滤器对空气质量进行处理以及保持喷涂车间正压来实现。喷涂室内的空气洁净度要求最高，一般来说要求经过三道过滤。

3. 输调漆系统

喷涂机器人生产线一般由多个喷涂机器人单元协同作业,这时需要有稳定、可靠的涂料及溶剂的供应,而输调漆系统则是保证供应的重要装置。

输调漆系统(又称供漆系统)利用压力泵将涂料从输调漆罐通过密封管道压送到涂装车间喷涂室各个操作工位,该系统包括调漆、液位、温控、供漆等部分,它是由各个部件以及管路构成的管道网络,不仅能够保证以适当的压力和流量输送涂料,同时还能对涂料的温度、黏度等特性进行控制。其主要由输调漆罐、过滤器、循环管道、液位控制及温度控制系统、涂料单元控制盘、气源、流量调节器、齿轮泵、涂料混合器、换色阀、供料供气管路及监控管线等组成,工作原理如图 8.10 所示。

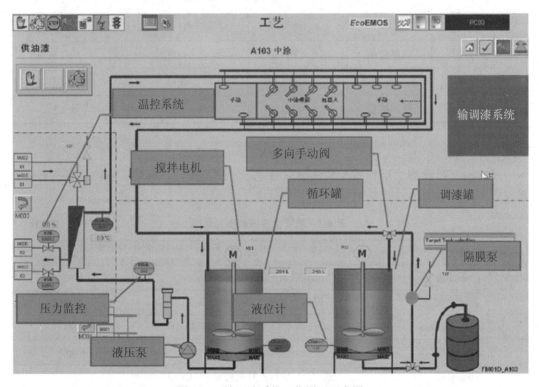

图 8.10　输调漆系统工作原理示意图

涂料单元控制盘简称气动盘,它接收机器人控制系统发出的喷涂工艺的控制指令,精准控制调节器、齿轮泵、喷枪/旋杯完成流量、空气雾化和空气成型的调整;同时控制涂料混合器、换色阀等实现自动化的颜色切换和指定的自动清洗等功能,以实现高质量和高效率的涂装。著名喷涂机器人生产商 ABB、FANUC 等均有其自主生产的成熟供漆系统配套模块,如图 8.11 所示。

（a）流量调节器

（b）齿轮泵

（c）涂料混合器

（d）换色阀

图 8.11　供漆系统的主要部件

4. 防爆吹扫系统

喷涂机器人多在封闭的喷涂室内喷涂工件的内外表面，由于喷涂的薄雾是易燃易爆的，如果机器人的某个部件产生火花或温度过高，就会引起大火甚至引起爆炸，所以防爆吹扫系统对于喷涂机器人是极其重要的一部分。

防爆吹扫系统主要由 3 部分组成：危险区域之外的吹扫单元、操作机内部的吹扫传感器、控制器内的吹扫控制单元，如图 8.12 所示。其工作原理是：吹扫单元通过柔性软管向包含有电气元件的操作机内部施加压力，阻止爆燃性气体进入操作机内部，同时由吹扫控制单元控制操作机内压和喷涂室气压，当发生异常情况时立即切断操作机伺服电源。

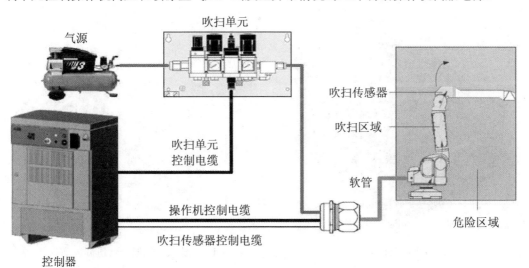

图 8.12　防爆吹扫系统

5. 机器人移动平台与工件输送系统

如同焊接机器人的变位机和移动平台，喷涂机器人也有类似的装置，主要包括完成工件的传送及旋转动作的伺服转台、伺服穿梭机及输送装置，以及完成机器人上下左右滑移的移动平台。但是喷涂机器人所配备的机器人移动平台与工件输送系统的防爆性能有着较高的要求。

一般而言，配备机器人移动平台与工件输送系统的喷涂机器人系统的工作方式有 3 种模式：动/静模式、流动模式和跟踪模式。

（1）动/静模式。

在动/静模式下，工件先由伺服穿梭机或输送装置传送到喷涂室中，由伺服转台完成工件旋转，之后由喷涂机器人单体或者配备移动平台的机器人对其完成喷涂作业。在喷涂过程中，工件可以是静止的，也可与机器人做协调运动，如图 8.13 所示。

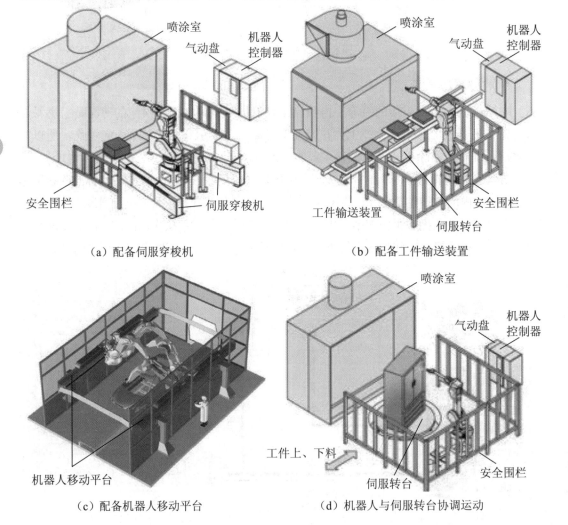

（a）配备伺服穿梭机　　　　　　　（b）配备工件输送装置

（c）配备机器人移动平台　　　　　（d）机器人与伺服转台协调运动

图 8.13　动/静模式下的喷涂单元

（2）流动模式。

在流动模式下，工件由输送链承载匀速通过喷涂室，由固定不动的喷涂机器人对工件完成喷涂作业，如图 8.14 所示。

（3）跟踪模式。

在跟踪模式下，工件由输送链承载匀速通过喷涂室，机器人不仅要跟踪随输送链运动的喷涂物，而且要根据喷涂面而改变喷枪的方向和角度，如图 8.15 所示。

图 8.14　流动模式下的喷涂单元

图 8.15　跟踪模式下的喷涂单元

6. 烘干室

烘干室是现代喷涂生产中必不可少的重要设备，对于保证喷涂质量、提高喷涂生产效率、减轻喷涂对环境的影响方面起着十分重要的作用。烘干室烘干加热主要有 2 种方式：辐射加热和对流加热。

（1）辐射加热。

其原理为利用辐射源发出的红外线电磁波进行物体加热，使电磁波被物体吸收后转化为热能，它的优点在于加热速度快、效率高。

（2）对流加热。

辐射加热对于大件及形状复杂的物体存在加热不均匀现象，故涂装的烘干室加热一般采用对流加热。对流加热原理是将封闭空间内的空气加热后均匀地喷射到被烘烤物体上，通过对流的方式使被烘烤物体上的漆膜均匀地加热后迅速固化。

汽车行业的车身漆膜加热一般多使用对流加热，将热空气作为媒介对车身进行加热，能够保证车身受热均匀，如图 8.16 所示。

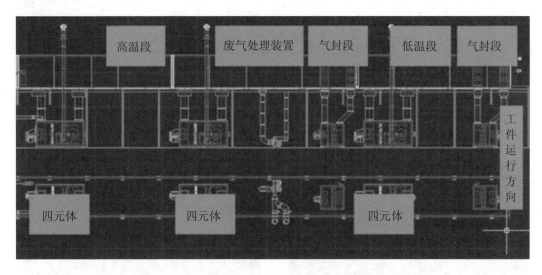

图 8.16　汽车喷涂面漆烘干室结构示意图

7. 喷涂生产线监控系统

对于采用两套或者两套以上喷涂机器人单元同时工作的喷涂作业系统，一般需配置生产线监控系统对生产线进行监控和管理，如图 8.17 所示。

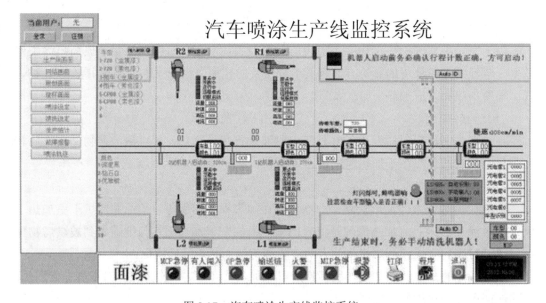

图 8.17　汽车喷涂生产线监控系统

喷涂生产线监控系统具有以下功能。

（1）生产线监控功能。通过管理界面可以监控整个喷涂作业系统的状态，例如工件类型、颜色、喷涂机器人和周边装置的操作、喷涂条件、系统故障信息等。

（2）可以方便设置和更改喷涂条件和涂料单元的控制盘，即对涂料流量、雾化气压、喷幅气压、静电电压进行设置，并可设置颜色切换的时序图、喷枪清洗及各类工件类型和颜色的程序编号。

（3）可以管理统计生产线各类生产数据，包括产量统计、故障统计、涂料消耗率等。

8. 喷枪清理装置

喷涂机器人的设备利用率高达 90%～95%，在喷涂作业过程中难免发生污染物堵塞喷枪气路；另外，在对不同工件进行喷涂时还需要完成颜色更换，此时也需要对喷枪进行清理。自动化的喷枪清理装置能够快速、干净、安全地完成喷枪的清洗和换色，彻底清除喷枪通道内及喷枪上飞溅的涂料残渣，同时对喷枪完成干燥，减少喷枪清理所耗用的时间、溶剂及空气，如图 8.18 所示。

图 8.18　喷枪清理装置

8.3　喷涂机器人系统选型

8.3.1　喷涂机器人选型

随着喷涂行业的快速发展，市场上喷涂机器人的种类越来越多，不同型号、不同厂家、不同特点以及不同性能的喷涂机器人的工作范围和工艺是不一样的。

❋　喷涂机器人系统选型

喷涂机器人的选型因素如下：

（1）机器人的工作轨迹范围。

在选择机器人时需保证机器人的工作轨迹范围必须能够完全覆盖所需施工工件的相关表面或内腔。还需保证在工件俯视面上机器人的工作范围能够完全覆盖所需施工工件的相关表面。左右两台机器人各覆盖左右半个车身，当机器人的工作轨迹范围在输送方向上无法满足时，则需要增加机器人的外部导轨来扩展其工作范围轨迹。

（2）机器人的重复精度。

对于涂胶机器人而言，一般重复精度达到 0.5 mm 即可。而对于喷漆机器人，重复精度的要求可低一些。

（3）机器人的运动速度及加速度。

机器人的最大运动速度或最大加速度越大，则意味着机器人在空行程所需的时间越短，则在一定节拍内机器人的绝对施工时间越长，可提高机器人的使用率。所以机器人的最大运动速度及加速度也是一项重要的技术指标。

但需注意的问题是：在喷涂过程中，喷涂工具的运动速度与喷涂工具的特性及材料等因素直接相关，需要根据工艺要求设定。此外，由于机器人的技术指标与其价格直接相关，因而应根据工艺要求选择性价比高的机器人。

（4）机器人手臂可承受的最大载荷。

对于不同的喷涂场合，喷涂过程中配置的喷具不同，则要求机器人手臂的最大承载载荷也不同。

（5）机器人的防爆功能。

因为大多数行业所用的涂料都是易燃易爆品，所以在选购喷涂机器人时一定要选择具有防爆功能的机器人。并且还要保证喷涂机器人所使用的材料和配件具有一定的强度和刚性，要配套有防护机械伤害的安全措施，保证喷涂机器人在操作过程中不会因为设备质量问题出现安全事故。

8.3.2 喷枪选型

不同的喷枪不仅涂料利用率不同，而且其喷涂效果也不一样，所以喷涂作业者务必要根据工艺要求和喷涂作业条件来选择相应的喷枪。机器人喷枪的选择应考虑以下几个方面因素。

1. 喷枪本身的大小和质量

从机器人额定负载考虑，喷枪体轻、小型为好，但带来的缺点是涂料喷出量和空气量也随着减小、喷涂时间增加、作业效率下降，不适用于大量涂装场合。用大型喷枪喷涂小的部件或管状被涂物，涂料损失量大。对于平面状大型被涂物，可选用大型喷枪；对于凹凸很悬殊的被涂物，则宜选用小型喷枪。

2. 涂料用量及涂料供给方式

当涂料用量小、颜色更换频繁时，应选用重力式喷枪，但其不适用于仰面喷涂；当涂料用量较大且颜色更换较多，特别是喷涂侧面时，应选用容量为 1 L 以下的带罐吸上式喷枪。当涂料用量大，颜色几乎不变的连续作业时，可选用压送式喷枪，用涂料增压罐供料。当涂料用量更大，用泵和涂料循环管道压送涂料时，可连续喷涂而不终止作业。喷涂可采用快换接头，便于清洗和换色。压送式喷枪不带涂料杯或罐，可上下左右喷涂，灵活方便。

3. 喷嘴口径

工业化大生产中，当单位时间通过的涂装面积大、涂料用量大时，所选用喷枪的喷嘴口径要大；当喷涂漆膜厚度要求高或喷涂底漆以及对漆膜外观质量要求不高时，要选用口径较大的喷枪。另外，当选用的涂料施工黏度较高时，要选用口径较大的喷枪；而采用低黏度涂料或压送式供给涂料时，要选用口径较小的喷枪。当喷涂面漆时，涂料雾化要求高，也要选用口径较小的喷枪。

4. 雾化效果

一把好的喷枪通常雾化均匀、漆流量稳定，而且油漆利用率高。喷枪的雾化效果一方面与其内部通道设计和喷嘴、气帽上的孔径精度有关，另一方面也与工作的压力有关。因此，应选择合适的喷枪，以保证工件喷涂时的雾化效果。

8.4　机器人喷涂工艺质量控制

以汽车喷涂为例，影响机器人喷涂成膜质量的因素有很多，下面列举各因素对漆膜质量的影响情况，见表 8.3。

表 8.3　漆膜质量影响因素

序号	漆膜质量影响因素	说　明
1	被喷涂件的洁净度	以金属件为例，喷涂前要经过除锈、脱脂、水洗、表调（表面平整度调整）等工序
2	喷涂室空气洁净度	喷涂前要测量空气中粉尘和纤维的含量，以满足喷涂室洁净度的要求，即单位体积空间内所含微粒的大小和多少，一般喷涂室的要求是每 2.83 升空间内 5 000～10 000 个微粒，微粒的直径小于 10 μm，符合 ISO 07 级标准
3	温度	喷涂室的温度一般控制在 20～30 ℃之间，温度越低，涂料中稀释剂挥发的速度越慢，流平越快。反之温度越高，流平越慢
4	湿度	根据油漆性质，喷涂室的湿度要求有所不同，水性漆的湿度一般控制在 55%～75%之间，油性漆 50%～80%之间，湿度越低，油漆中稀释剂挥发的速度越慢，流平越快。反之湿度越高，流平越慢
5	风速	喷涂室的风速要保持均匀下压，控制漆雾飞散的同时，确保喷涂扇面不受影响，一般控制在 0.3～0.5 m/s
6	油漆黏度	黏度过大的涂料不易雾化，会造成干喷、橘皮针孔等漆膜弊病。而黏度过低，喷出量虽然加大，但易产生流挂等弊病，而且黏度在很大程度上影响着其他性能
7	喷涂距离、枪速	喷涂距离过近或枪速过慢容易造成流挂、橘皮等现象，或产生厚边。距离过远或枪速过快，涂料损失大，且会使漆膜变薄，漆膜不平整且易脱落
8	油漆吐出量、喷涂压力等	油漆吐出量和喷涂压力对漆膜质量都非常重要，详见"8.7.2 工艺参数设置"
9	喷雾搭接面积	漆雾的搭接面积一般控制在（1/4～1/3），搭接面积过大会影响喷涂速度，影响生产效率，过小易出现斑马纹（即色差）

8.5　喷涂机器人系统工位布局

喷涂机器人具有喷涂质量稳定、涂料利用率高、可以连续大批量生产等优点，喷涂机器人工作站或生产线的布局是否合理直接影响到企业的产能及能源和原料利用率。喷涂机器人系统工位布局的原则如下：

（1）安全。

输调漆系统尽量布局在远离操作人员的空间，减少人员有毒有害气体的吸入，同时要保证调漆、储漆空间恒温、恒湿，并避免强光照射。

（2）节能。

喷涂车间的能耗普遍较大，送风系统、烘干室等高能耗设备尽量布局紧凑，减少路径能源消耗。

（3）高效。

合理控制输送系统的输送速度，最大限度地提高单位时间内的产量。

对于汽车及机械制造等行业往往需要结构紧凑灵活、自动化程度高的喷涂生产线，喷涂生产线在形式上一般有 2 种：线型布局和并行盒子布局，如图 8.19 所示。

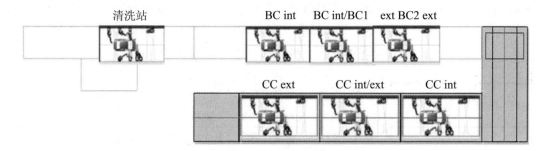

（a）线型布局生产线

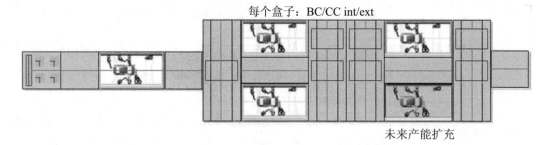

（b）并行盒子布局生产线

图 8.19　喷涂机器人生产线形式

图 8.19（a）所示的线型布局喷涂生产线在进行喷涂作业时，产品依次通过各工作站完成清洗、中涂、底漆、清漆和烘干等工序，负责不同工序的工作站间采用停走运行方式。对于图 8.17（b）所示的并行盒子布局喷涂生产线，在进行喷涂作业时，产品进入清洗站完成清洗作业，接着在其外表面进行中涂，之后被分送到不同的盒子中完成内部和表面的底漆和清漆涂装，不同盒子间可同时以不同周期运行，同时日后如需扩充生产能力，可以轻易地整合新的盒子到现有的生产线中。线型布局和并行盒子布局的生产线特点与使用范围对比见表 8.4。

表 8.4　线型布局生产线与并行盒子布局生产线的比较

比较项目	线型布局生产线	并行盒子布局生产线
喷涂产品范围	单一	满足多种产品要求
对生产节拍变化的适应性	要求尽可能稳定	可适应各异的生产节拍
同等生产力的系统长度	长	远远短于线型布局
同等生产力需要的机器人数量	多	较少
设计建造难易程度	简单	相对较为复杂
生产线运行耗时	高	低
作业期间换色时涂料的损失量	多	较少
未来生产能力扩充难易度	较为困难	灵活简单

综上所述，在喷涂生产线的设计过程中不仅要考虑产品范围以及额定生产能力，还需考虑所需喷涂产品的类型、各产品的生产批量及喷涂工作量等因素。对于产品单一、生产节拍稳定、生产工艺中有特殊工序的可采取线型布局。当产品类型及尺寸、工艺流程、产品批量各异时，灵活的并行盒子布局的生产线则是比较合适的选择。采用并行盒子布局不仅可以减少投资，而且可以降低后续运行成本，但在建造并行盒子布局的生产线时需额外承担产品处理方式及中转区域设备等的投资。

8.6　喷涂工艺流程

本章以汽车喷涂生产线为例，介绍喷涂机器人系统的工艺流程，如图 8.20 所示。

1. 前处理/电泳工艺

该工艺的流程为车身除油、清洗、表调、磷化、电泳、清洗等。首先，使用自动翻转式的输送系统，将车身浸泡在装满不同化学试剂的水槽中翻转，等待不同的工艺时间。此工艺的目的是：使车身表面清洁，达到防腐的功效。在完成电泳漆膜的附着后需要进入烘房烘干及固化。烘房内使用滚床式输送链，烘房内部为隧道式结构，通过热风对流吹到车身表面，经过一定的工艺时间后即完成前处理/电泳工艺。

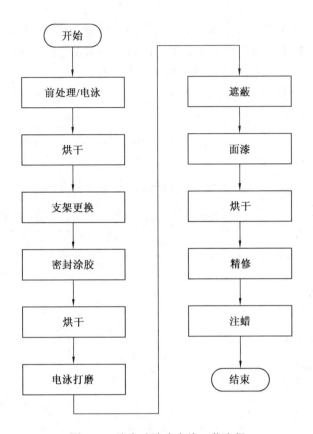

图 8.20　汽车喷涂生产线工艺流程

2. 密封胶工艺

该工艺的主要流程为支架/滑橇的更换、车身焊缝密封胶、车底焊缝密封胶。此工艺主要目的是：更换支具时将前处理、电泳工艺中的车身支具更换为后面工艺使用的支具，支具的作用是将车身的门、机盖、后备厢支撑起一定的角度，使得车身内部更好地完成工艺处理。完成支具更换后即进入密封胶工位，机器人配合手工将冲焊车间的焊点、焊缝全部使用 PVC 胶进行密封，达到防水的目的。人工工位分布在车的两侧，当车运转时，人工跟随进行作业。最后，车身也需要进入烘房进行烘干及固化。

3. 风挡遮蔽及面漆工艺

该工艺流程为风挡遮蔽、底漆、清漆。使用自动化输送链将车身送入风挡遮蔽机器人工作区，完成风挡遮蔽工作后，再通过输送链输送至分色区，随后进入面漆工艺室体，完成面漆、清漆的喷涂。面漆工艺为整个车间的重点区域，车身由输送链系统自动送入喷涂室后，机器人将根据分色区的信息进行色漆的静电喷涂，之后再进行清漆喷涂。色漆的主要作用是外观装饰作用。清漆是车身最外层的保护，强度很高，可保护车身油漆颜色，同时起到防紫外线的作用。

4. 精修及注蜡工艺

该工艺流程为精修、注蜡、沥蜡。首先，使用自动化输送线将车身送入精修室，工人跟随车身进行精修，在质量合格确认后，车身方可放行进入注蜡室。

此工艺目的为：精修室位于车身喷漆质量的最后一环，负责检查、修复所有缺陷，包括色差、橘皮等方面，在完成修复后需要质量部门予以盖章放行。在放行后车身进入注蜡工艺，注蜡室采用机器人及人工随动配合，通过注蜡工具将蜡注入空腔内部，再通过烘箱及沥蜡，使蜡完全密闭在空腔内的缝隙中，达到防腐的目的，此工艺对于延长车身寿命起到关键作用。

8.7　喷涂作业编程与调试

8.7.1　喷涂机器人编程

※　喷涂作业编程与调试

喷涂机器人的编程原理和焊接、搬运等机器人编程原理类似，即在机器人的运行轨迹上增加喷涂、喷枪开关等指令。为了更简单地编程和示教，各大机器人厂家都开发有相应的离线编程软件，例如：DURR 公司的 3D-ONSite、ABB 公司的 RobotStudio、FANUC公司的 ROBGUIDE 等。本章以 3D-ONSite 编程软件为例，介绍 DURR 喷涂机器人关于汽车前门喷涂的编程。

用 3D-ONSite 编程软件打开喷涂程序，该软件上的图形编辑器和油漆编辑器是一一对应关系，即当其中一种编辑器发生变化时，另外一种编辑器会随之发生变化。在3D-ONSite 编程软件上可以形象地进行程序编写、车型模拟、工艺参数修改等操作。图8.21 所示为汽车前门喷涂轨迹模拟及喷涂程序。

（a）轨迹模拟

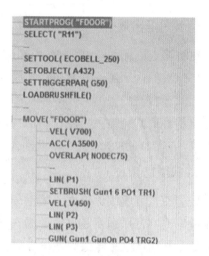

（b）部分喷涂程序

图 8.21　汽车前门喷涂轨迹模拟及喷涂程序

对应的喷涂程序说明如下：

```
STARTPROG("FDOOR")                 //前门程序启用
SELECT("R11")                      //选择机器人 R11
SETTOOL(ECBELL_250)                //设置喷涂工具
SETOBJECT(A432)                    //车型选择
SETTRIGGERPAR(G50)                 //设置喷枪开枪点选择喷涂车身
LOADBRUSHFILE()                    //载入喷涂参数
MOVE("FDOOR")                      //运行 FDOOR 模块
    VEL(V700)                      //喷涂速度
    ACC(A3500)                     //运行加速度
    OVERLAP(NODEC75)               //轨迹拐弯报警监测
    LIN(P1)                        //直线运动至点 P1
    SETBRUSH(Gun1 6 PO1 TR1)       //设置喷涂参数
    VEL(V450)                      //喷涂速度
    LIN(P2)                        //直线运动至点 P2
    LIN(P3)                        //直线运动至点 P3
    GUN(Gun1 GunOn PO4 TRG2)       //设置喷枪开枪点
```

8.7.2 工艺参数设置

本节重点介绍喷涂机器人系统的 4 个工艺参数：涂料吐出量、成型空气、高压、旋杯转速。这 4 个工艺参数都可以在一定程度上影响油漆面品质，涂料吐出量决定漆膜厚度，成型空气决定漆雾大小，高压决定油漆附着率，旋杯转速决定油漆雾化程度。

1. 涂料吐出量

在机器人旋杯系统中，75%的油漆从旋杯环形间隙喷出，25%的油漆从旋杯中心孔喷出。单位时间内油漆流量参数设置越大，圆锥形旋杯喷射漆流的宽度越大，漆粒总数越多，因此漆粒流的密度增大导致漆膜厚度变大；反之变小。当涂料的油漆流量过大时，会影响旋杯的雾化效果，漆粒粗，甚至会产生滴漆、流挂和气泡等缺陷。应根据漆膜厚度要求，在 3D-ONSite 软件中设置合理的油漆参数。

2. 成型空气

成型空气影响喷涂扇面，喷涂扇面决定重叠率，重叠率越高，漆膜越均匀。但并不是重叠率越高漆膜质量越好，因为在同样条件下，重叠率越高，喷涂会越快，油漆上漆率越低，从而产生更多漆膜质量弊病。

3. 高压

喷涂机器人的高压决定着油漆的上漆率，电压或电流越大，油漆的上漆率越高。油漆通过机器人内部的高压控制器和高压发生器带上电荷，这样油漆与车身就会形成电流回路。油漆的特性决定放电方式，通常水性漆采用外加电方式，需设置电流；油性漆采用内加电方式，需设置电压。

4. 旋杯转速

旋杯转速是油漆雾化的关键参数，旋杯转速的设置是根据油漆的特性、设备的能力以及现场的工艺决定的。一般情况下旋杯的转速范围是 30 000～60 000 r/min。在旋杯高速旋转时产生的离心力将油漆雾化成直径为 20～50 μm 的小液滴。旋杯转速越高，漆滴的直径越小，漆膜的平滑度越好，光泽度越高。但是如果旋杯转速过高，则会造成漆滴直径过小、雾化过细、漆雾损失严重，喷涂在被涂物表面的油漆会越干，漆面就会出现橘皮现象，同时马达寿命会降低。

图 8.22 所示为 DURR 机器人喷涂工艺参数表。根据实际喷涂缺陷，对应调整此表中的参数，保存后即可改变喷涂的参数。

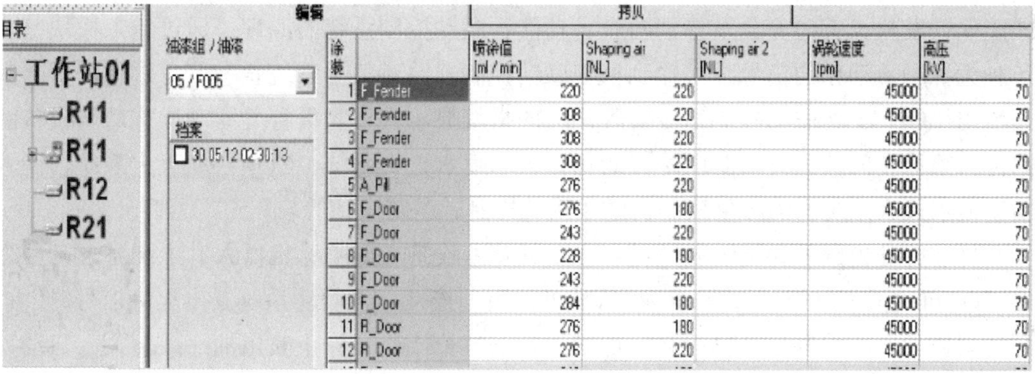

涂装		喷涂值 [ml / min]	Shaping air [NL]	Shaping air 2 [NL]	涡轮速度 [rpm]	高压 [kV]
1	F_Fender	220	220		45000	70
2	F_Fender	308	220		45000	70
3	F_Fender	308	220		45000	70
4	F_Fender	308	220		45000	70
5	A_Pil	276	220		45000	70
6	F_Door	276	180		45000	70
7	F_Door	243	220		45000	70
8	F_Door	228	180		45000	70
9	F_Door	243	220		45000	70
10	F_Door	284	180		45000	70
11	R_Door	276	180		45000	70
12	R_Door	276	220		45000	70

图 8.22 喷涂工艺参数表

8.8 喷涂作业安全与防护

喷涂安全与防护是喷涂作业中的重中之重，喷涂车间油漆、溶剂都是易燃易爆品，所以喷涂作业的火灾、爆炸风险极高，且涂装空间较密闭，对人体健康有一定的伤害。所以在喷涂作业中一定要做好安全防护工作。

8.8.1 安全防护系统

喷涂安全防护系统主要包括火灾探测器、消防报警系统、安全防护门、安全光栅等。在喷涂机器人通电运行过程中，工作人员进入光栅检测范围或推开安全门都会使得机器人出现急停报警。消防报警系统是喷涂作业场所的重要设备，喷涂车间都应该安装漆雾浓度检测报警器，实时监测室内易燃气体浓度，及时阻止易燃、有害气体扩散。同时，喷涂车间的所有结构件都应采用耐火材料制成，金属设备都应接地可靠，防止静电积聚和静电放电。各种照明灯、电动机、电气开关等电气设备都应有防爆装置，电源应设在防火区域以外。图 8.23 所示为常见火灾探测器。

（a）火焰探测器　　　　　　（b）可燃气体探测器　　　　　　（c）感温探测器

图 8.23　常见火灾探测器

　　喷涂车间的安全消防设施是一个整体，火灾自动报警与消防联动控制必须有序结合，才能保证发生火灾时充分发挥消防设备功能。联动控制系统的原理：通过输入模块接收各种无源触点动作的信号，传输到报警联动控制器，对整个系统状态信息进行处理和数据流向控制，下达联动控制命令实现相应的报警显示、声光报警并联动操作消防设备的启停。喷涂车间的火灾消防联动控制包括自动喷水灭火系统、CO_2 自动灭火系统、闭式自动喷水灭火系统的消防泵控制、通风系统控制、消防电话等。

　　目前行业内国外先进的做法是：在自动喷涂设备（如喷涂机器人）上配备一套独立的 CO_2 自动灭火系统，与自动喷枪或旋杯的进口连接；当联动系统发出灭火信号时，该系统根据输入的报警信号进行自动切换，自动喷枪或旋杯停止喷出油漆或溶剂，自动切换喷出 CO_2 气体；喷出的 CO_2 气体将喷涂设备表面覆盖及笼罩，使燃烧的火焰失去氧气自行窒息熄灭，从而达到保护喷涂设备的目的。

8.8.2　安全规范

　　根据我国国家标准《建筑设计防火规范》（GB 50016—2014）对喷涂车间的消防区域、消防要求进行识别，结合各种灭火系统的特性，对喷涂车间的安全灭火系统进行正确有效的设计和配备。表 8.5 为某喷涂车间的安全消防设施配置表。

　　随着近几年国内越来越多的大型喷涂生产线的建成投产，代表世界最先进水平的喷涂工艺和设备随之在国内喷涂工程中同步出现和采用。但近年来喷涂车间的火灾事故一再提醒我们，喷涂车间的安全消防设施的设计和管理不能有丝毫马虎，应认真、严肃地根据喷涂车间的防火等级、防火区域内火灾的特点，选择、配置安全消防设施和人员。在日常管理中每日应对安全设施进行点检和安全检查，对发现的隐患应及时、认真地处理和解决，定期全员（包括车间内所有人员，如油漆厂家现场服务人员等）开展消防演习，真正做到未雨绸缪，才能防止火灾事故的发生。

表 8.5 某喷涂车间的安全消防设施配置表

消防系统	消防区域	备注
CO₂ 自动灭火系统	输调漆间	
	油漆临时存储间	
	输蜡室	
自动雨淋灭火系统	中涂手工、机器人喷涂区	
	色漆手工、机器人喷涂区	
	清漆线手工、机器人喷涂区	
自动水喷幕系统	中涂烘干室入口处	
	面漆烘干室入口处	
湿式系统	喷涂室的水洗处即文丘里排风处	
	集中排风烟囱的排气处	
	洁净间	
	晾干区	
	点修补室	
	喷蜡间	
室内消防栓、手提 CO₂ 灭火器	喷涂车间内安装间距为 30 m,重点区域酌情增加	
疏散指示标志和应急照明	喷涂车间内疏散指示标志安装在疏散通道上，安装间距为 30 m，并在通道转角处加装一只	

 思考题

1. 根据所采用喷涂工艺的不同，机器人喷涂可以分为哪几类？

2. 喷涂机器人系统由哪几个部分组成？其周边配套设备主要包括哪些？

3. 按照机器人手腕结构形式的不同，喷涂机器人主要分为哪几种？

4. 常见的喷涂机器人的喷枪有哪些？

5. 简述防爆吹扫系统的工作原理。

6. 烘干室烘干加热主要有哪几种方式？

7. 简述喷涂机器人的选型需要考虑的因素。

8. 汽车及机械制造等行业的喷涂生产线一般有哪几种形式？

9. 简述汽车喷涂生产线喷涂工艺流程。

10. 关于喷涂车间的安全防护，目前行业内国外先进的做法是什么？

第 9 章　打磨机器人技术与应用

　　目前国内传统的人工打磨作业引发的各种安全隐患以及高强度的工作特性，使得人工打磨作业已不适合企业的长远发展。而打磨机器人能够保持机件的一致性，随着对环境保护和安全的日益重视，以及进一步提高产品质量和生产效率的要求，打磨机器人也受到前所未有的关注。

9.1　机器人打磨应用概述

　　机器人打磨在国外早已开始使用，近年来国内也开始逐渐重视并得到发展。目前在汽车零部件、卫浴五金、家电、工业零件、医疗器械等行业已经有较为成熟的应用，如图 9.1 所示。但相对焊接、喷涂、搬运码垛等机器人应用来说，我国抛光打磨机器人应用规模还比较小。据数据统计，2017 年我国抛光打磨机器人市场规模达到 25.2 亿元，同比增长 31.3%，到 2020 年市场规模将达到 50.3 亿元，如图 9.2 所示。

※　机器人打磨应用概述

图 9.1　打磨机器人行业应用

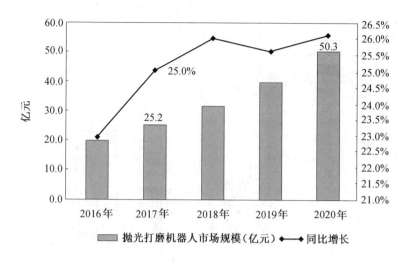

图 9.2　我国抛光打磨机器人市场规模情况

市场销售方面，2017 年我国抛光打磨机器人销量达 1.13 万台，同比增长 35.6%。到 2020 年市场销量将达到 2.65 万台，如图 9.3 所示。

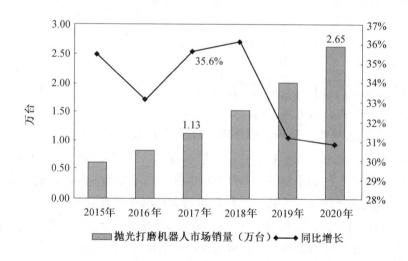

图 9.3　我国抛光打磨机器人市场销量情况

9.2　打磨机器人系统组成

打磨机器人系统由 3 个部分组成：打磨机器人、末端执行器和周边配套设备。图 9.4 所示为持工具的打磨机器人系统组成。周边配套设备主要包括打磨砂带机、变频器、除尘器、末端执行器自动更换系统、力传感器及其控制器等。

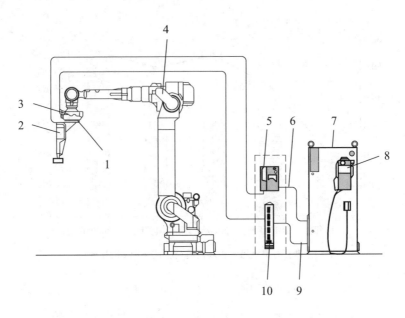

图 9.4 持工具的打磨机器人系统组成

1—自动快换装置（ATC）；2—末端执行器（打磨动力头）；3—力传感器；4—操作机；5—变频器；
6—工具转速控制电缆；7—控制器；8—示教器；9—控制电缆；10—力传感器控制器

9.2.1 打磨机器人

打磨机器人是指可进行自动打磨的工业机器人，主要用于工件的表面打磨、棱角去毛刺、焊缝打磨、内腔内孔去毛刺、孔口螺纹口加工等工作。

打磨机器人控制系统能按照输入程序对驱动系统和执行机构发出指令信号进行控制。打磨机器人通过示教和离线编程，控制打磨机器人位置、腰部姿态、腕部角度和手爪位置，充分满足各类工件的不同部位的打磨、抛光、去毛刺等各种工艺加工要求。

与传统的打磨抛光机床及手工打磨相比，机器人打磨系统具有两个显著的优点：一是加工过程几乎完全自动化，工作效率大大提升；二是系统具有高度柔性和适应能力，同套设备经过适当调整可快速实现加工其他规格产品的能力，大大提高了设备的使用率。同时由于机器人具有多个自由度，特别适合一般设备不能实现的自由曲面加工。实践证明，在打磨抛光过程中，机器人可实现更快速、更可靠、更系统的控制。

打磨机器人系统可以分为两个大类：机器人持工件和机器人持工具，如图 9.5 所示。

1. 机器人持工件

机器人持工件通常用于需要处理的工件相对比较小的场合，机器人通过其末端执行器抓取待打磨工件并操作工件在打磨设备上进行打磨。一般在该机器人的周围有一台或数台工具。这种方式应用较多，其特点如下：

（1）机器人可以一次性打磨多个工件，在一个工位就可完成机器人的装件、打磨和卸件，投资相对较小，适合批量加工。

（2）工作台柔性好，可以跟随很复杂的几何形状，转产方便，容易实现流线化。

（3）打磨抛光设备一般为专用设备，稳定性好，使用寿命长，维护费用低。

2. 机器人持工具

机器人持工具一般用于大型自由曲面工件或对于机器人来说比较重的工件。机器人末端持有打磨抛光工具并对工件进行打磨抛光。工件的装卸可由人工进行，机器人也可自动地从工具架上更换所需的打磨工具。通常在此系统中采用力控制装置来保证打磨工具与工件之间的压力一致，并补偿打磨头的消耗，以获得均匀一致的打磨质量，同时也能简化示教。这种方式有如下的特点：

（1）工具要求结构紧凑、重量轻。

（2）打磨头尺寸小，消耗快，更换频繁。

（3）可以从工具库中选择和更换所需的工具。

（4）可以用于磨削工件的内部表面。

（a）机器人持工件　　　　　　　　　　（b）机器人持工具

图 9.5　打磨机器人系统分类

9.2.2　末端执行器

1. 机器人持工具

对于机器人持工具的打磨系统而言，其末端执行器为打磨动力头，如图 9.6 所示。与手持打磨相比，机器人打磨能有效提高生产效率、降低成本、提高产品优良率。考虑到机械臂刚性、定位误差等因素，目前实际应用中广泛采用的是柔性打磨动力头，其浮动机构能有效解决断刀或对工件造成损坏等情况，在打磨难加工的边、角、交叉孔、不规则形状毛刺时，浮动机构和刀具能够完成跟随加工。

图 9.6　打磨动力头

根据工作方式的不同，打磨可分为刚性打磨和柔性打磨。

刚性打磨通常应用在工件表面较为简单的场合，由于刚性打磨头与工件之间属于硬碰硬性质的应用，很容易因工件尺寸偏差和定位偏差造成打磨质量下降，甚至会损坏设备，如图 9.7（a）所示。而在工件表面比较复杂的情况下一般采用柔性打磨，柔性打磨头中的浮动机构能有效避免刀具和工件的损坏，吸收工件及定位等各方面的误差，使工具的运行轨迹与工件表面形状一致，实现跟随加工，保证打磨质量，如图 9.7（b）所示。

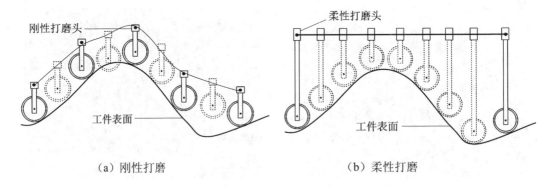

（a）刚性打磨　　　　　　　　　　　（b）柔性打磨

图 9.7　打磨方式

实际应用过程中，要根据工件及工艺要求的不同，选用适合的刚性或柔性打磨头。

2. 机器人持工件

对于机器人持工件的打磨系统而言，其末端执行器为专用夹具。专用夹具基本都是固定在机器人第 6 轴末端的法兰盘位置，其外形结构都是根据工件的形状、工件的材料及工件需要加工部位的要求进行设计。常用的机器人夹具有机械弹力式、气动压力式、电机驱动式等。专用夹具的设计制造是整个打磨抛光系统中技术含量最高的部分，所以通常会花费设计者比较长的时间。图 9.8 所示为气动夹具夹持水龙头的过程示意图。

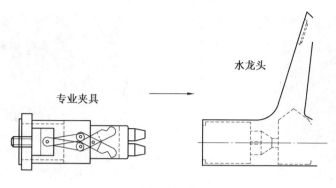

（a）夹持前

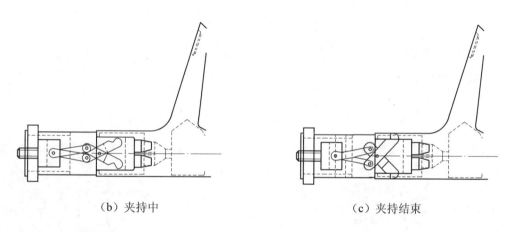

（b）夹持中　　　　　　　　　　　　　（c）夹持结束

图 9.8　水龙头夹持过程示意图

9.2.3　周边配套设备

打磨机器人系统的周边配套设备包括打磨砂带机、变频器、除尘器、末端执行器自动更换系统、力传感器及其控制器等，用以辅助打磨机器人系统完成整个打磨作业。

1. 打磨砂带机

打磨砂带机是一种能够重复进行抛光作业的打磨抛光设备，用于机器人持工件的打磨系统，可以由机器人全自动控制，主要用于平面研磨和磨弧度、磨角、磨边、磨圆、磨方、去毛刺、倒角、抛光等场合。机器人打磨砂带机中砂带的柔性可适应各种曲面零件的加工，砂带磨削的接触轮、压磨板均可按照零件的外形随意改变，使砂带在磨削中能够很好地与曲面吻合，获得优异的成形效果。

常见的机器人打磨砂带机可分为 2 类：单工位砂带机和双工位砂带机，如图 9.9 所示。

（a）单工位砂带机　　　　　　　　（b）双工位砂带机

图 9.9　机器人打磨砂带机

机器人打磨砂带机主要由砂带、电机、张力调节装置、传动装置、启动器、箱体等部分组成，如图 9.10 所示。

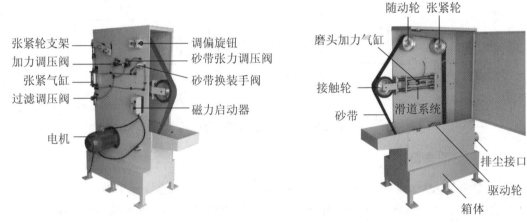

图 9.10　砂带机结构组成

2. 变频器

变频器是一种应用变频技术与微电子技术，通过改变电机工作电源频率的方式来控制交流电动机的电力控制设备，如图 9.11 所示。变频器主要由整流（交流变直流）、滤波、逆变（直流变交流）、制动单元、驱动单元、检测单元、微处理单元等组成。变频器靠内部绝缘栅双极晶体管的通断来调整输出电源的电压和频率，根据电机的实际需要来提供其所需要的电源电压，进而达到节能、调速的目的。另外，变频器还有很多保护功能，如过流、过压、过载保护等。随着工业自动化程度的不断提高，变频器也得到了非常广泛的应用。在打磨工作站中，由它来调节打磨动力头或砂带轮的转速。

3. 除尘器

除尘器的主要功能是除去机器人在打磨抛光过程中产生的粉尘，以防止飞溅，便于过滤和收集。除尘器的开启和停止通过机器人 I/O 信号即可实现。除尘器如图 9.12 所示。

图 9.11　变频器

图 9.12　除尘器

4. 末端执行器自动更换系统

在多任务打磨作业环境中，一台机器人要能够完成去毛刺、倒角、表面抛光等多种任务，而末端执行器自动更换系统（又称自动快换装置）的出现，让机器人能够根据程序要求和任务性质，自动快速更换末端执行器，完成相应的任务。自动快换装置能够让打磨机器人快速从工具库中选择和更换所需的工具。

自动快换装置通常由 1 个主盘和多个工具盘组成。主盘安装在机器人手腕末端；工具盘与作业工具直接相连，通过气动的方式与主盘实现连接，如图 9.13 所示。该装置上一般集成有通信模块、电模块、水模块和控制气路等，根据设计要求安装。

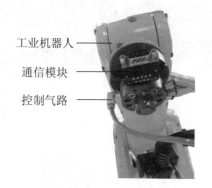

工业机器人

通信模块

控制气路

（a）主盘

（b）工具盘

图 9.13　自动快换装置

机器人工具快换装置的优点如下：

（1）生产线更换可以在数秒内完成。

（2）维护和修理工具可以快速更换，大大降低停工时间。

（3）通过在应用中使用 1 个以上的末端执行器，从而使柔性增加。

（4）自动交换单一功能的末端执行器，代替原有笨重复杂的多功能工装执行器。

5. 力传感器及其控制器

打磨压力是机器人打磨过程中一个非常重要的参数，只有打磨压力均匀才能获得高质量的成品。机器人打磨系统的柔顺性和打磨力的控制有 2 种实现方式：一种是通过机器人；另一种是通过外围设备。

（1）通过机器人方式。

通过机器人方式可以看作是机器人功能的延伸。安装在机器人第 6 轴上的力传感器将打磨工具和工件间的力反馈给机器人控制器，构成一个闭环系统。机器人根据反馈的数据调整位置，实现打磨力的增加和减少。这种系统属于大惯性系统，其调整速度相对较慢，因此适用于低速和相对平滑的工件打磨。

（2）通过外围设备方式。

把力的控制与机器人脱离，机器人仅起到移动工具的功能，力的控制由力传感器自身的闭环系统控制，如图 9.14 所示。力传感器为机器人增加了一个轴，这个轴的驱动装置实现施加打磨力、补偿工具磨损和工件偏差的功能。

图 9.14　力传感器

9.3　打磨机器人系统选型

9.3.1　打磨机器人选型

在选择打磨机器人型号时，需要注意 6 个部分，分别为：自由度、刚性、定位精度、工作空间、编程软件、防护等级。

❋ 打磨机器人系统选型

（1）自由度。

打磨机器人一般要选用 6 关节工业机器人，这样机器人有 6 个自由度，可以通过改变机器人姿态，使机器人到达各种角度，完成工件不同部位的打磨加工。

（2）刚性。

打磨机器人要选用具有一定刚性的工业机器人，以适应打磨形成的冲击力。

（3）定位精度。

打磨机器人要有一定精度，以保持工件打磨的一致性，对于工件高精度打磨，则要选用精度较高的工业机器人。

（4）工作空间。

打磨机器人的工作范围要满足工件加工对空间的需求，防止设备之间相互干涉。

（5）编程软件。

对类似水龙头等目标工件的打磨抛光工艺来说，外形曲面、曲线比较复杂，要求机器人能完成高精度的数千点打磨轨迹，这对机器人的运动编程提出了较高的要求。合理的方式是通过离线模拟仿真以及在线调试配合来完成，因此需要机器人配置有功能强大的离线仿真软件系统。而对打磨工艺的理解深度，也会直接影响编程的效果，从而影响工件打磨后的产品质量。

（6）防护等级。

打磨作业工况恶劣，机器人防护等级要求高，一般要求防护等级为 IP65。

9.3.2　打磨动力头选型

目前，打磨机器人常用的柔性打磨动力头类型有：旋转锉型、锉刀型、刷子型、倒角刀型、磨削抛光型，如图 9.15 所示。

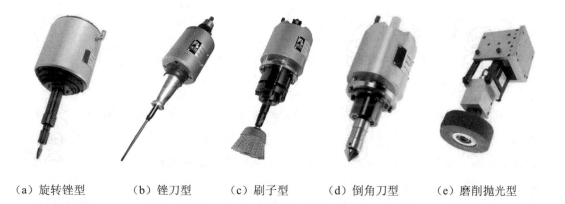

　（a）旋转锉型　　　（b）锉刀型　　　（c）刷子型　　　（d）倒角刀型　　　（e）磨削抛光型

图 9.15　柔性打磨动力头的分类

1. 旋转锉型

该类型打磨动力头主要用于轻金属与非金属的去毛刺、去飞边，它能保证在任何角度都能有着统一的打磨质量和速度。其主轴可以进行任何方向自由的移动，根据机器人程序可以对工件边缘设置压力，且能进行弧形或固定角度的移动。

2. 锉刀型

该类型打磨动力头适用于狭窄的槽和凹槽类的工件去毛刺，可用于金属或非金属工件，尤其适用于压铝铸件的去飞边。其主轴同样可以在任何方向自由移动，且在工件边缘可以保持压力恒定和进行弧度或固定角度移动。

3. 刷子型

该类型打磨动力头用于机加工后去除工件毛刺，尤其是毛刺比较多的边缘区域以及需要表面处理的地方。去毛刺时所需施加的压力是通过机器人程序来控制，而刷子摩擦力则通过传感器和补偿程序进行控制。

4. 倒角刀型

该类型打磨动力头可以对孔的端面进行平面、柱面、锥面及其他型面打磨加工，用于已加工出的孔上加工圆柱形沉头孔、锥形沉头孔和端面凸台等场合。其主轴可以轴向移动，必要的前馈力可由程序控制设定。

5. 磨削抛光型

该类型打磨动力头可用于几乎所有材料的表面抛光，在必要的时候，其主轴也可以轴向移动，压力可由程序控制来设定。

在选择打磨动力头时，需要结合打磨工件的形状、材料及加工部位等要求进行设计与选用。

9.3.3 打磨砂带机选型

打磨砂带机，主要有 3 个关键部件，分别为：砂带驱动电机、砂带、接触轮。

1. 砂带驱动电机

砂带驱动电机决定了带轮的速度和砂带的线速度。砂带驱动电机的选择，主要考虑电机的功率、转速范围及防护等级等因素，另外还要考虑运行过程中是否为无级变速及特殊的控制要求等。例如，在水龙头打磨抛光加工中，根据水龙头毛坯表面与砂带接触时产生的切削力和砂带宽度，计算出加工的实际扭矩，从而确定驱动电机的功率大小，此外，考虑到驱动电机是连续运行并且长时间处于金属粉尘的环境中，需要选择防护等级较高的驱动电机。

2. 砂带

在同一磨削速度下，随砂带粒度变细，粗糙度降低，因为细磨粒加工中产生的划痕及隆起对较地小。另外，同一粒度的磨粒在不同寿命期时，粗糙度也不一样。一般选用180#～240#的砂带进行精磨加工；去除了大部分的不规则余量后，使用 240#～400#的砂带进行粗抛加工，降低产品 Ra 值；最后使用 500#～800#的砂带，进行精抛，达到产品要求的 Ra 值。

砂带基材的柔性对粗糙度也有影响。柔性越大的砂带所达到粗糙度越低。动物胶黏剂砂带所加工的 Ra 值比合成树脂黏剂砂带加工的小。砂带接头增厚和变硬也会使粗糙度增大，所以精细抛光时选用柔软平整、厚度均匀的砂带为好。

3. 接触轮

接触轮的主要作用是支承砂带和调节砂带的有效工作面积，接触轮的材料和安装方式也会影响工件打磨抛光的工艺精度。接触轮的硬度与砂带磨削的粗糙呈成直线关系，接触轮越硬，加工表面粗糙度越大；反之则越小。一般来说，接触轮直径越大，加工时接触面积越大，加工表面粗糙度越小。接触轮表面是否开槽、开槽的角度及尺寸对粗糙度的影响是：光滑表面接触轮比开槽表面接触轮所加工的零件粗糙度更小，接触轮的不平衡和圆度误差会造成磨削时的振动，使加工表面粗糙度增大，故接触轮的动平衡和外圆修整是获得低粗糙度加工表面的重要措施。

9.3.4　变频器选型

打磨砂带机中砂带的线速度直接影响产品的质量，线速度提高，在一定范围内可以提高工件的材料去除率，因为在单位时间内参与工作的磨粒数量会随砂带线速度提高而增加；但是当砂带的线速度过高时，工件的材料去除率反而会逐渐降低，原因是线速度越高工件毛坯的反作用力也会随之增大，这种力达到一定程度时会阻碍磨粒的切削，此时工件的材料去除率反而变低了。在打磨机器人系统中通过变频器控制电机的转速，以此来找到一个合适加工的线速度。在选择变频器时可以按照负载电流、负载类型、应用场合来进行选择。

（1）按负载电流。

变频器容量的选择要考虑变频器容量与电动机容量的匹配，容量偏小会影响电动机有效力矩的输出，影响系统的正常运行，甚至损坏装置；而容量偏大则电流的谐波分量会增大，也增加了设备投资。

（2）按负载类型。

若为恒转矩负载，则需选择通用型变频器；若负载为风机、水泵类负载，则应选择风机、水泵类变频器；若负载需启动转矩大且要求过载能力大时，则选择重载型变频器。

（3）特殊应用场合。

对于高环境温度、高开关频率、高海拔高度等，此时会引起变频器的降容，需放大一档选择变频器。

9.4 打磨作业流程

本节以机器人持工件打磨工作站为例，如图 9.16 所示，介绍打磨作业相关流程。

图 9.16 哈工海渡-工业机器人打磨工作站

采用手动示教方式为机器人输入水龙头打磨作业程序。具体打磨作业流程如图 9.17 所示。

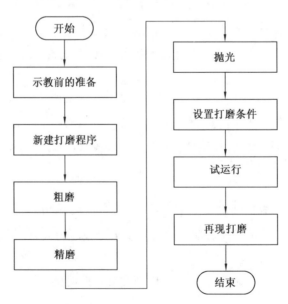

图 9.17 打磨作业流程图

1. 示教前准备

（1）坐标系标定。

为了示教编程时方便调试机器人的位姿，需要建立坐标系。在专用夹具末端建立工具坐标系，方便调整机器人在打磨砂带上的姿态，如图 9.18（a）所示；在打磨工件台和打磨砂带上建立工件（用户）坐标系，一是方便用户调整机器人的位置，二是当机器人、工件台、打磨砂带机位置发生变化后，可以通过更新坐标系的方法省去重新示教程序点位的步骤，如图 9.18（b）和（c）所示。

（a）工具坐标系　　　　　（b）工作台工件坐标系　　　　　（c）砂带工件坐标系

图 9.18　坐标系标定

（2）I/O 信号配置。

在示教编程之前，需要配置打磨机器人系统相关的 I/O 信号，见表 9.1。

表 9.1　I/O 信号表

序号	信号名称	输入/输出	功能
1	DI_Start	输入	启动打磨系统
2	DI_Pause	输入	暂停打磨系统
3	DI_Stop	输入	停止打磨系统
4	DI_Fixture	输入	专用夹具开/关
5	DI_Motor	输入	打磨砂带机电机开/关
6	DI_Sensor1	输入	传感器，判断机器人是否成功抓取工件
7	DI_Sensor2	输入	传感器，判断机器人是否到达打磨砂带机附近
8	DO_Ready	输出	机器人准备就绪
9	DO_RobotMotor	输出	机器人上电/下电
10	DO_Estop	输出	机器人急停信号

（3）工件装夹。

将待打磨工件水龙头对准销孔固定在工件台上。

（4）安全确认。

确认操作者自身和机器人之间保持安全距离。

（5）机器人原点确认。

通过机器人机械臂各关节处的标记或调用原点程序复位机器人。

2. 新建打磨程序

机器人打磨主要有 3 个工序：粗磨、精磨和抛光。

（1）粗磨。

去除毛坯的大部分余量，最后所达到的效果要粗磨成大致的几何形状与粗糙度。

（2）精磨。

精磨是发生在粗磨的基础上，又是为抛光做准备的一步工序，它的目的是保证工件达到抛光前所需要的面形精度、尺寸精度和表面粗糙度。

（3）抛光。

抛光是最后一个工序过程，其不能提高工件的尺寸精度或几何形状精度，而是以得到光滑表面或镜面光泽为目的。在整个抛光过程当中，需要尽量去除粗磨与精磨所留下的破坏层，实现工件表面的最理想效果。

因此，需要点按示教器的相关菜单或按钮，新建一个完整的打磨作业程序，其中包含粗磨、精磨和抛光 3 个子程序。

3. 输入程序点

本例中的程序包括打磨程序和紧急处理程序。打磨程序及其相关路径规划介绍详见"9.5.1 打磨动作编程"小节；紧急处理程序用于设定机器人接收到安全光栅、安全门、急停等信号后的处理事项，如立即停止机器人运行、关闭打磨砂带机等。

在示教模式下，根据打磨程序的要求，手动操纵机器人分别移动到规划的路径点，记录位置。机器人末端工具在各路径移动时，要保证工件、工具互不干涉。

4. 设置打磨条件

打磨程序编写完成后，在打磨前还要给打磨机器人系统配置作业条件，如砂带速度、工件速度、进给量、进给速度等。

5. 试运行

为确认示教的轨迹，需测试运行一下程序。测试时，因不执行具体作业命令，所以是空运行。确认机器人附近安全后，执行打磨作业程序的测试运转。根据打磨出的工件粗糙度，调整相关参数，以达到工艺要求。

6. 再现打磨

整个打磨抛光路径轨迹经测试无误后，将模式切换为自动模式，开始进行实际打磨工作。

9.5　打磨作业编程与调试

9.5.1　打磨动作编程

1. 打磨程序

※　打磨作业编程与调试

整个打磨程序可分为 3 个部分：初始化程序、参数设置程序、运动控制程序。

（1）初始化程序。

初始化程序主要在主程序开始及结束时控制整个工作站的设备和参数恢复初始状态，其中包括机器人回归原点、砂带旋转的停止、夹具的夹紧或松开、工件计数归零等。

（2）参数设置程序。

参数设置程序主要用于设定机器人的运行速度、加速度、减速度，砂带机的速度等。

（3）运动控制程序。

整个水龙头打磨抛光的运动轨迹和姿态全部都编辑在运动控制程序中。

由于水龙头的表面是自由曲面，加工区域较多，路径非常复杂，涉及的坐标点数据众多，在一个程序中编写容易造成混乱，为此可以对水龙头的表面加工区域进行划分，并为每个区域创建打磨程序，最后在主程序中调用。这样可以使整个程序变得整洁，方便查看和修改。

2. 打磨抛光路径规划与示教

整个打磨抛光路径可以分为 4 个部分：工件夹持路径、移动路径、打磨抛光路径和成品回放路径。

（1）工件夹持路径规划。

气动夹具对水龙头毛坯的夹持是通过毛坯上端的出水圆柱内孔实现的，夹具的外径和水龙头毛坯圆柱孔的内径间隙很小，所以在夹持过程中需要非常准确地移动轨迹才能避免发生碰撞。首先将气动夹具移动到水龙头毛坯外一个安全位置，观察坐标值是否有偏差，然后将气动夹具移动至水龙头毛坯圆柱孔正上方 2 mm 的位置，如图 9.19 所示；观察坐标值确保无偏差，缓慢移动夹具伸入圆柱孔至设定位置并夹紧；垂直抬起工件至物料工作台上方的安全位置，完成夹持路径。

（2）移动路径规划。

移动路径是工件从打磨工件台上方安全位置到达打磨抛光路径前，以及从工件抛光结束后到达打磨工作台上方安全位置时所运行的路径。这两个过程最大的特点就是工件不与任何物体发生接触，所以在保证安全的情况下，移动路径越短越好，移动时的速度也可适当提高。这两部分的路径规划一般都是通过机器人的关节移动指令来实现，6 个关节协同作业，通过角度和姿态的变换，用最短的距离移动到打磨切入点位正前方，如图 9.20 所示。

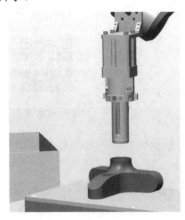 

图 9.19　机器人夹持路径姿态　　　　　　　图 9.20　移动路径姿态

（3）打磨抛光路径规划。

可将水龙头待加工表面分为 9 个区域，如图 9.21 所示。

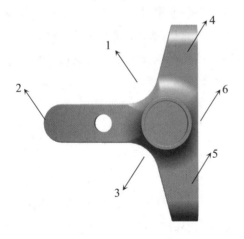 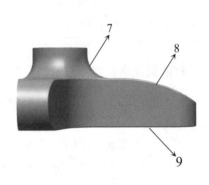

图 9.21　水龙头加工表面区域划分

图 9.21 中，区域 4、5、8 为区域 7 的延伸部分，与圆柱的延伸表面相切，需要通过机器人变换角度和姿态进行加工；区域 6、9 为平面部分，通过机器人线性运动即可加工；区域 7 为圆柱部分，可通过机器人第 6 轴旋转、回转加工；区域 1、2、3 是最难加工的区域，需要通过机器人变换角度和姿态进行加工。

通过机器人的角度和姿态变换，将水龙头半成品移动到砂带打磨处的水平位置，向前缓慢进给，如图 9.22 所示，与砂带接触后，通过机器人的位姿变换对 9 个加工区域分别进行加工。

图 9.22　打磨路径姿态

（4）成品回放路径规划。

加工完成后，首先将水龙头毛坯移动到砂带机外一个安全位置，然后通过角度和姿态的变换，即通过关节运动将水龙头成品移动至打磨工件台的成品区空位上方，如图 9.23 所示。观察坐标值确保无偏差，缓慢移动水龙头成品至打磨工件台上的设定位置，气动夹具松开；水龙头成品落入槽位；抬起气动夹具至安全位置，完成一次打磨抛光的路径。

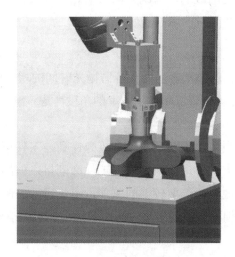

图 9.23　成品回放路径姿态

9.5.2　打磨参数调试

磨削用量不仅关系到砂带的磨削效率，同时对加工表面粗糙度也有很大影响。选取适当的磨削用量，不仅可以得到较高的磨削精度，而且还能获得较高的生产效率。磨削用量主要是指砂带速度、进给量、工件速度、磨抛时间等。

1. 砂带速度

当速度不超出一定界限（一般为 25～30 m/s）时，随砂带速度的提高，单位时间内进入磨削区的磨粒数增多，且高速运动下钝化的磨粒也可工作，故总的磨削量增加；此外，提高砂带速度使振动增大，可减少表面磨屑堵塞，有利于切削的进行。当速度超出一定界限时，由于不断增加的磨削速度造成弹性磨粒受工件的反冲击率增加，砂带弹性退让增加，砂带的实际切入深度减少，从而造成磨削量减少。

2. 进给量

随着工件进给量的增加，工件磨削量也随之呈非线性增加，但增长速率逐渐下降。这是由于进给量的变化会影响法向磨削力，进给量越大，工件与砂带间的压力也越大。随着压力增大，砂带弹性退让增加，实际切入深度减少，所以磨削量降低。当进给量达到一定程度时，表面粗糙度随进给量的增加而急剧增大，因而砂带在精磨时必须采用较小的进给量。

3. 工件速度

工件速度是指工件在磨抛过程中的移动速度，工件速度对工件磨削量的影响与砂带速度相似，都是相对速度的改变对磨削量的影响。磨削过程中，砂带速度远远大于工件速度，所以工件速度对磨削量的影响较低。

4. 磨抛时间

打磨抛光的表面加工质量随着水龙头打磨抛光时间的增加而提高，表面粗糙度 Ra 值效果就越好，但从 Ra 均值的要求和加工效率的角度考虑，磨抛时间不宜过长，否则加工效率就会太低。

在实际的生产加工中，由于初期的砂带较为锋利，工件磨削效率较高，通常选用较低的砂带速度即可；增大工件进给虽可增大工件磨削量，但同时也会增大对机器人的损伤、加快砂带的磨损，故一般选取较低的工件进给量进行磨削。但是单个因素并不能完全地体现多因素的影响规律，需要多次进行实验加工，以得到最优的参数组合。

 思考题

1. 打磨机器人系统由哪几部分组成？其周边配套设备主要包括哪些？
2. 打磨机器人系统可以分为哪几大类？
3. 根据工作方式的不同，打磨可分为哪几类？
4. 常见的机器人打磨砂带机可分为哪几类？

5. 简述机器人工具快换装置的优点。

6. 机器人打磨系统的柔顺性和打磨力的控制有哪几种实现方式？

7. 目前，机器人常用柔性打磨动力头的类型有哪几种？

8. 简述机器人打磨作业流程。

参 考 文 献

[1] 张明文. 工业机器人技术基础及应用[M]. 哈尔滨：哈尔滨工业大学出版社，2017.

[2] 张明文. 工业机器人基础与应用[M]. 北京：机械工业出版社，2018.

[3] 付欣然. 中国工业机器人"产业链-创新链-资金链"的三链协同研究[D]. 大连：大连理工大学，2017.

[4] 佚名. 市场竞争日趋激烈 机器人集成产业将迎整合浪潮[J]. 现代制造技术与装备，2017 (1): 2-3.

[5] 闫建伟，李洋，唱荣蕾，等. 我国机器人系统集成行业发展思路探索[J]. 机械工程与自动化，2018 (3): 222-223.

[6] 蔡泽凡. 工业机器人系统集成[M]. 北京：电子工业出版社，2018.

[7] 林燕文，魏志丽. 工业机器人系统集成与应用[M]. 北京：机械工业出版社，2017.

[8] 陈盛. 工业机器人实训中心系统集成技术的应用研究[D]. 成都：电子科技大学，2016.

[9] 汪励，陈小艳. 工业机器人工作站系统集成[M]. 北京：机械工业出版社，2014.

[10] 兰虎. 工业机器人技术及应用[M]. 北京：机械工业出版社，2014.

[11] 中国机械工程学会焊接学会. 焊接手册[M]. 3 版. 北京：机械工业出版社，2015.

[12] 谷宝峰. 机器人在打磨中的应用[J]. 机器人技术与应用，2008 (3): 27-29.

[13] 黄琴. 基于工业机器人的水龙头打磨抛光系统的设计与开发[D]. 杭州：浙江工业大学，2016.

先进制造业学习平台

先进制造业职业技能学习平台
工业机器人教育网（www.irobot-edu.com）

先进制造业互动教学平台
海渡职校APP

一键下载
收入口袋

专业的教育平台	先进制造业垂直领域在线教育平台
更轻的学习方式	随时随地、无门槛实时线上学习
全维度学习体验	理论加实操，线上线下无缝对接
更快的成长路径	与百万工程师在线一起学习交流

领取专享积分

下载"海渡职校APP"，进入"学问"—"圈子"，
晒出您与本书的合影或学习心得，即可领取超额积分。

积分兑换

专家课程

实体书籍

实物周边

线下实操

步骤一

登录"工业机器人教育网"

www.irobot-edu.com，菜单栏单击【职校】

步骤二

单击菜单栏【在线学堂】下方找到您需要的课程

步骤三

课程内视频下方单击【课件下载】

教学课件下载步骤

咨询与反馈

尊敬的读者：

感谢您选用我们的教材！

本书有丰富的配套教学资源，在使用过程中，如有任何疑问或建议，可通过邮件（edubot@hitrobotgroup.com）或扫描右侧二维码，在线提交咨询信息。

全国服务热线：400-6688-955

（教学资源建议反馈表）

先进制造业人才培养丛书

■ 工业机器人

教材名称	主编	出版社
工业机器人技术人才培养方案	张明文	哈尔滨工业大学出版社
工业机器人基础与应用	张明文	机械工业出版社
工业机器人技术基础及应用	张明文	哈尔滨工业大学出版社
工业机器人专业英语	张明文	华中科技大学出版社
工业机器人入门实用教程(ABB机器人)	张明文	哈尔滨工业大学出版社
工业机器人入门实用教程(FANUC机器人)	张明文	哈尔滨工业大学出版社
工业机器人入门实用教程(汇川机器人)	张明文、韩国震	哈尔滨工业大学出版社
工业机器人入门实用教程(ESTUN机器人)	张明文	华中科技大学出版社
工业机器人入门实用教程(SCARA机器人)	张明文、于振中	哈尔滨工业大学出版社
工业机器人入门实用教程(珞石机器人)	张明文、曹华	化学工业出版社
工业机器人入门实用教程(YASKAWA机器人)	张明文	哈尔滨工业大学出版社
工业机器人入门实用教程(KUKA机器人)	张明文	哈尔滨工业大学出版社
工业机器人入门实用教程(EFORT机器人)	张明文	华中科技大学出版社
工业机器人入门实用教程(COMAU机器人)	张明文	哈尔滨工业大学出版社
工业机器人入门实用教程(配天机器人)	张明文、索利洋	哈尔滨工业大学出版社
工业机器人知识要点解析(ABB机器人)	张明文	哈尔滨工业大学出版社
工业机器人知识要点解析(FANUC机器人)	张明文	机械工业出版社
工业机器人编程及操作(ABB机器人)	张明文	哈尔滨工业大学出版社
工业机器人编程操作(ABB机器人)	张明文、于霜	人民邮电出版社
工业机器人编程操作(FANUC机器人)	张明文	人民邮电出版社
工业机器人编程基础(KUKA机器人)	张明文、张宋文、付化举	哈尔滨工业大学出版社
工业机器人离线编程	张明文	华中科技大学出版社
工业机器人离线编程与仿真(FANUC机器人)	张明文	人民邮电出版社
工业机器人原理及应用(DELTA并联机器人)	张明文、于振中	哈尔滨工业大学出版社
工业机器人视觉技术及应用	张明文、王璐欢	人民邮电出版社
智能机器人高级编程及应用(ABB机器人)	张明文、王璐欢	机械工业出版社
工业机器人运动控制技术	张明文、王璐欢	机械工业出版社
工业机器人系统技术应用	张明文、顾三鸿	哈尔滨工业大学出版社

■ 智能制造

教材名称	主编	出版社
智能制造与机器人应用技术	张明文、王璐欢	机械工业出版社
智能控制技术专业英语	张明文、王璐欢	机械工业出版社
智能制造技术及应用教程	谢力志、张明文	哈尔滨工业大学出版社
智能运动控制技术应用初级教程(翠欧)	张明文	哈尔滨工业大学出版社
智能协作机器人入门实用教程(优傲机器人)	张明文、王璐欢	机械工业出版社
智能协作机器人技术应用初级教程(遨博)	张明文	哈尔滨工业大学出版社
智能移动机器人技术应用初级教程(博众)	张明文	哈尔滨工业大学出版社
智能制造与机电一体化技术应用初级教程	张明文	哈尔滨工业大学出版社
PLC编程技术应用初级教程(西门子)	张明文	哈尔滨工业大学出版社

教材名称	主编	出版社
智能视觉技术应用初级教程(信捷)	张明文	哈尔滨工业大学出版社
智能制造与PLC技术应用初级教程	张明文	哈尔滨工业大学出版社

■工业互联网

教材名称	主编	出版社
工业互联网人才培养方案	张明文、高文婷	哈尔滨工业大学出版社
工业互联网与机器人技术应用初级教程	张明文	哈尔滨工业大学出版社
工业互联网智能网关技术应用初级教程(西门子)	张明文	哈尔滨工业大学出版社

■人工智能

教材名称	主编	出版社
人工智能人才培养方案	张明文	哈尔滨工业大学出版社
人工智能技术应用初级教程	张明文	哈尔滨工业大学出版社
人工智能与机器人技术应用初级教程(e.Do教育机器人)	张明文	哈尔滨工业大学出版社